全 国 职 业 技 术 教 育 规 划 教 材
国家教育部计算机应用岗位考试指定用书

U0128881

Access 数据库程序设计实训教程

主　编　陈向怀　裴占超

副主编　黄中正

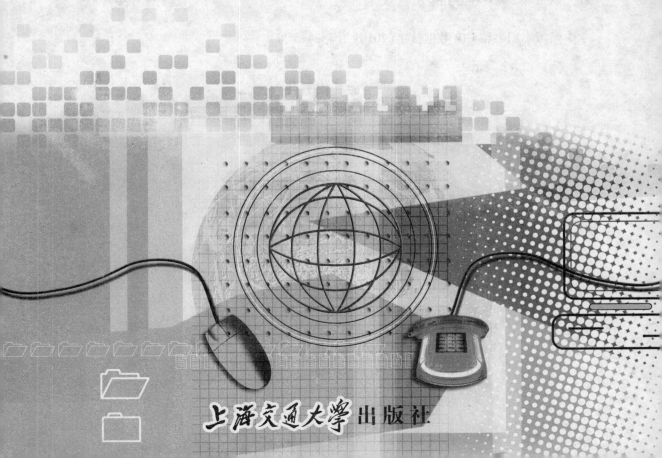

上海交通大学出版社

内 容 提 要

　　Access 2007 是微软公司最新推出的系列办公套装软件之一,它用于设计制作一个功能强大的数据库管理系统,具有良好的应用前景。本书共分 9 章,内容包括 Access 2007 概述、数据库的基本操作、表的相关设计、查询、视图、窗体、报表、宏和 VBA 等。

　　本书既可以作为大中专院校相关专业课程的教材,也可以供广大数据库爱好者和 VBA 程序设计人员作为参考资料使用。

图书在版编目(CIP)数据

　　Access 数据库程序设计实训教程/陈向怀,裴占超主编. – 上海:上海交通大学出版社, 2010

　　新思维计算机教育系列教材

　　ISBN 978 – 7 – 313 – 06731 – 9

　　Ⅰ.①A… Ⅱ.①陈 …②裴 … Ⅲ.①关系数据库—数据库管理系统,Access—程序设计—教材 Ⅳ.①TP311.138

　　中国版本图书馆 CIP 数据核字(2010)第 153415 号

Access 数据库程序设计实训教程

陈向怀　裴占超　主编

上海交通大学出版社出版发行

(上海市番禺路 951 号　邮政编码 200030)

电话:64071208　出版人:韩建民

安徽新华印刷股份有限公司印刷　全国新华书店经销

开本:787mm×1092mm 1/16　印张:14.25　字数:330 千字

2010 年 8 月第 1 版　2010 年 8 月第 1 次印刷

印数:1～6050

ISBN 978 – 7 – 313 – 06731 – 9/TP　定价:23.00 元

前　言

数据库技术产生于 20 世纪 60 年代末,是数据管理的最新技术,也是计算机科学的重要分支。从一般的小型事务处理到大型的信息系统,越来越多的领域开始采用数据库技术存储与处理信息资源。Access 2007 是微软公司最新推出的系列办公套装软件之一,它用于设计制作一个功能强大的数据库管理系统,具有良好的应用前景。

本书的重点是培养读者的具体实践能力。为了让读者看有所想,学有所得,帮助读者在较短的时间内掌握 Access 2007 数据库的操作方法,特组织资历高深的一线专家编撰本书。在编写时主要以实训的讲解模式,将知识点细分成块,以具体的实例详细介绍相关知识与技巧,使读者能够更好地把握每章所讲解的内容,达到融会贯通的目的。

本书特色

> 结构安排合理。在结构安排上由浅入深,采用全程图解的方式进行编写,实行图文结合。讲解重点知识时,在相关的图形上用文字标注出命令按钮的准确位置,以达到直观明了的目的。

> 内容丰富新颖。为了更加清晰地介绍本书内容,在策划编写时采用分块介绍相关知识的模式,一个操作实训就代表着一个知识点。安排时从实训的目的和实训的具体任务出发,讲解完成实训任务需要掌握的预备知识,然后介绍实训操作的具体步骤,最后安排拓展练习,按照有因有果的结构进行。

> 语言通俗易懂。书中语言叙述简洁、准确,读者可以很容易地理解其中的知识,不仅适合课堂教学,也适合读者自学使用。

> 实例代表性强。本书所讲解的实例都选自于实际工作中,参考价值较高,实用性强,使读者学有所用、用有所获。在大量穿插相关知识点讲解的同时,还插入一些操作小技巧。

> 版式活泼新颖。为了保护用户的眼睛,防止用户眼部疲劳,在每个实训的操作过程中还安排有"大视野"、"小资料"等栏目,在介绍理论的同时注重上机操作,使读者学以致用,在实践中熟练掌握相关知识。

《Access 数据库程序设计实训教程》共分 9 章,内容包括中文 Access 2007 数据库概述、数据库的基本操作、表的创建与设计、查询的创建与设计、报表的设计、窗体的设计、宏和 VBA 的设计等。本书在编写策划时强调适度的理论知识,侧重读者的实际操作,所以在第 9 章中,为读者安排了相关的综合实例,以帮助用户巩固所学的知识。

本书语言通俗易懂,选材全面,编排讲究,利用图形作为辅助工具,介绍了一些典型实例,并配有详细的操作步骤,以更加便捷的操作模式引导读者制作出色的数据库。本书既可作为大中专院校相关专业课程的教材,也可供广大数据库爱好者和VBA 程序设计人员参考使用。

本书由辽宁石油化工大学的陈向怀老师、郑州商业贸易技术学校的裴占超老师主编,郑州轻工业学院轻工职业学院黄中正老师任副主编,参与编写的还有杨涛、王帅霞、付云俊老师等。其中,陈向怀老师编写了第 1、2、3、4 章,黄中正老师编写了第5、6 章,裴占超老师编写了第 7、8 章,杨涛、王帅霞、付云俊老师编写了第 9 章。

由于编者水平有限,书中疏漏与不足之处恳请使用本套教材的学校师生、专家批评指正。

编　者

2010 年 7 月

目　　录

第1章
初识 Access 2007

本章重点

▲ 认识数据库系统的组成和特点

▲ 认识关系型数据库

▲ Access 2007工作界面介绍

　　Access 2007 是微软公司开发的功能最强大的桌面数据库管理系统，它是 Microsoft Office 办公系列软件之一，易于使用，而且界面友好，如今在世界各地广泛流行。Access 2007 无需编写任何程序代码，仅通过直观的可视化操作即可完成大部分的数据库管理工作，对于 Access 的学习，并不需要用户具有专业的程序设计知识，任何非专业的用户都可以用它来创建功能强大的数据库管理系统。

1.1 Access 2007 数据库系统简介

数据库系统从根本上说是计算机化的记录保持系统,它的目的是存储和产生用户所需要的有用信息。所产生的这些有用的信息,可以是使用该系统的个人或组织有关的有意义的任何事情,是对某个人或组织辅助决策过程中不可少的事情。Access 2007 是一种小型数据库管理系统,特别适合企事业单位对数据进行查询,生成报表进行打印以及当前流行的 Web 网站后台数据库的搭建和数据处理。

1.1.1 实训目的

数据库(Database)是计算机应用系统中的一种专门管理数据资源的系统。数据有多种形式,如文字、数字、符号、图形、图像以及声音等。数据库管理系统是信息资源管理方面最有效的手段,被广泛应用于各个领域中,成为存储、使用、处理信息的重要工具。在本次实训中,主要向用户介绍数据库的基本知识,使用户对数据库有个大概的了解。

1.1.2 实训任务

虽然 Access 数据库相对来说只能适用于中小型数据库系统,但是它的简便易用以及朴素的界面使得它的应用仍然很广泛。本次实训的任务是介绍 Access 2007 数据库中用于存放加工的信息表,以及以表为操作对象的查询、窗体、报表、页等数据库对象的知识。

1.1.3 预备知识

数据库管理系统(Database Management System,DBMS)是从图书馆的管理方法改进而来的,由一个互相关联的数据集合和一组访问这些数据的程序组成,它负责对数据库的数据存储进行管理、维护和使用,因此,DBMS 是一种非常复杂的、综合性的、在数据库系统中对数据进行管理的大型系统软件,是数据库系统的核心组成部分。数据库管理系统可以帮助用户管理输入到计算机中的大量数据,就像图书馆的管理员。

1.1.4 实训点拨

数据库就是数据的集合,数据处理就是将数据转换为信息的过程,它包括对数据库中的数据进行收集、存储、传播、检索、分类、加工或计算、打印与输出等操作。狭义地讲,数据库系统是由数据库、数据库管理系统和用户构成。广义地讲,数据库系统是指采用了数据库技术的计算机系统,它包括数据库、数据库管理系统、操作系统、硬件、应用程序、数据库管理员及终端用户,其结构如图 1-1 所示。

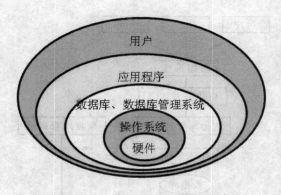

图1-1　数据库系统的结构

数据库是需要长期存放在计算机内,有组织的、可共享的数据集合。数据库中的数据按一定的数据模型组织、描述和存储,具有较小的冗余度、较高的数据独立性和易扩展性,并可为不同的用户共享。

1）数据库系统的特点

数据库系统可以将数据和信息组织在一起,使数据库具有更强的管理能力。数据库组织数据具有以下明显的特征:

(1)数据集中控制。在文件管理方法中,文件是分散的,每个用户或每种对象都有各自的文件,这些文件之间一般是没有联系的,因此,不能按照统一的方法来控制、维护与管理。而数据库管理系统却能很好地解决这一问题,它可以集中控制、维护和管理相关对象中的数据。

(2)数据独立。数据库中的数据独立于应用程序。数据的独立性包括数据的物理独立性和逻辑独立性,它为数据库的使用、调整、优化和进一步扩充提供了方便,提高了数据库应用系统的稳定性。

(3)数据共享。数据库中的数据可以供多个用户使用,每个用户可以只与数据库中的一部分数据发生联系,并且用户数据可以重叠。同时,用户还可以同时存取数据而互不影响,这样就大大提高了数据库的使用效率。

(4)减少冗余。数据库中的数据不是面向应用,而是面向系统的。数据的统一定义、组织和存储,集中管理避免了不必要的数据冗余,也提高了数据处理信息的一致性。

(5)数据结构化。整个数据库按一定的结构形式组织,数据在记录内部和记录类型之间相互关联,用户可以通过不同的路径存取数据。

(6)统一的数据保护功能。在多用户共享数据资源的情况下,数据库系统对用户使用数据可以进行严格的检查,能够对数据库访问提供密码保护与存取权限控制,拒绝非法用户访问数据库,以确保数据的安全性、一致性和并发控制。

2）数据库系统的功能

数据库是为多用户共享的,是建立在操作系统基础之上,位于操作系统和用户之间的一个数据管理软件,任何数据操作都是在它的管理下进行的。数据库系统的模型如图1-2所示。

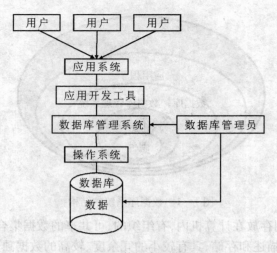

图 1 - 2　数据库系统模型

其具有的功能如下：

（1）数据模式定义功能：即为数据库构建数据框架。

（2）数据存取的物理构建功能：为数据模式的物理存取与构建提供有效的存取方法与手段。

（3）数据操纵功能：为用户使用数据库中的数据提供方便，如在数据管理系统中,查询、插入、修改与删除数据操作都由数据库管理系统来实现。

（4）数据的完整性、安全性定义与检查功能：数据的完整性和安全性是数据库保护的两个不同方面,安全性是评价数据库系统的一个重要指标。数据安全性是指数据库中的数据不被破坏和泄漏以及不被非法用户修改。

（5）数据库的并发控制与数据恢复功能：数据库可以由多个用户同时操作同时使用,也就是说,多个程序可以并发运行。在数据库系统中,不但要有各种检验和控制,以减少出错的可能性,还得有相应的措施来实现出错后的恢复,因此,数据库系统必须具有恢复功能。

（6）数据的服务功能：数据库的服务功能为数据库提供了如数据库的拷贝、转存、重组、性能监测、分析等。

1.1.5　拓展练习

在 Access 2007 中创建一个"学生管理"数据库和"成绩管理"数据库,并熟悉这两个数据库的基本元素。

1.2　创建关系数据库

数据库实际上就是用来存放数据的仓库,只不过这个仓库是在计算机存诸设备上,而且数据是按一定的模型存放的。当人们收集并整理出一个应用所需的大量数据之后,就需要对这些数据进行相关的处理操作,而数据库则是最好的容器选择。数据库可以按照一定的关系对所存储的数据信息进一步进行加工处理,以提取有价值并符合用户需求的信息。所以说,数据信息的有效管理,离不开数据库的支持,用户管理数据就需要创建数据库。

1.2.1　实训目的

数据模型又称为逻辑数据,目前在数据库中使用的数据模型有层次模型、网状模型、关系模型等。针对数据本身的特点,用户所采用的数据模型不同,相应的数据库管理系统也就不同。在本次实训中,最主要的目的是介绍有关数据模型的相关知识。

1.2.2　实训任务

为了方便用户以后对数据库的学习,也让用户对数据库有一个更加清晰的认识,在本次实训中,最主要的任务是介绍有关数据模型的相关知识,特别是关系模型。在 Access 2007 数据库中,数据的存储信息存放在一张二维表格中,而这个二维表格是由行和列共同组成的,是属于关系模型。

1.2.3　预备知识

由于计算机不可能直接处理现实世界中的具体事物,因此,人们必须事先把具体事物转换成计算机能够处理的数据。数据组织模型定义了数据的逻辑设计,它也描述了数据库中不同数据之间的关系。在数据库设计发展过程中,曾使用过层次模型、网状模型和关系模型这三种方式来表示数据结构。

1) 层次模型

层次模型可以用一棵倒置的树来描述数据之间的关系,树的结点表示实体集,结点之间的连线表示相连两实体集之间的关系,这种关系只能是一对多类型(1 - M)。通常把表示 1 的实体集放在上方,称为父结点;表示 M 的实体集放在下方,称为子结点。层次模型有且仅有一个根结点,根结点以外的其他结点有且仅有一个父结点,如图 1 - 3 所示。

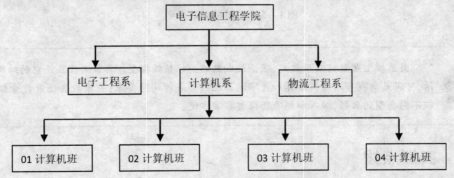

图 1 - 3　层次模型效果图

层次模型的优点是数据结构类似金字塔,不同层次之间的关联直接而且简单;缺点是由于数据纵向发展,横向关系难以建立,数据可能会重复出现,造成管理维护的不便。

2) 网状模型

网状模型是一种比层次模型更具普遍性的结构,虽然该模型也使用倒置树型结构,但该模型能克服层次模型的一些缺点。网状模型的结点是可以任意发生连接,能够表示各种复杂的联系,可以更直接地描述现实世界。网状模型中的一个子结点可有多个父结点,也可有一个以上的结点无父结点,以避免数据的重复性,如图1-4所示。其缺点是关联性比较复杂,尤其是当数据库变得越来越大时,关联性维护的复杂度更高。

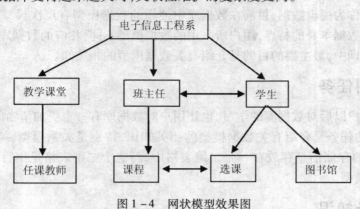

图1-4　网状模型效果图

3）关系模型

用二维表结构来表示实体以及实体间联系的数据模型称为关系数据模型。关系模型突破了层次模型和网状模型的许多局限。在关系模型中,实体和实体间的联系都是用关系来表示的。二维表中的每一列对应实体的一个属性,并给出相应的属性值;每一行形成一个由多种属性组成的多元组,或称元组,与某一个特定实体相对应,如图1-5所示。

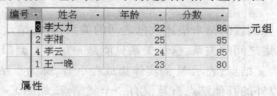

图1-5　关系模型效果图

　　关系模型是目前应用最广、理论最成熟的一种数据模型。其最大优点是它的结构特别灵活,可满足所有布尔逻辑运算和数字运算规则形成的询问要求;关系数据还能搜索组合和比较不同类型的数据,加入和删除数据都非常方便。

1.2.4　实训点拨

Access 2007 是一种关系式数据库,关系数据模型是用二维表格结构来表示实体以及实体间联系的数据模型。在关系模型中,实体和实体间的联系都是用关系表示,它是目前应用最广、理论最成熟的一种数据模型。一个关系就是一个二维表,每个关系有一个关系名。二维表中的列称为属性,也称为字段,表中的每一列在关系范围内唯一。在数据库管理系统中,每个字段需要定义名称、数据类型与数据宽度等属性。表中的行称为元组,元组也称为记录。关系型数据库的模型如图1-6所示。

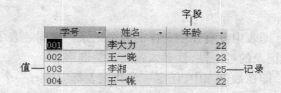

图1-6　关系型数据库模型

1）基本术语

（1）关系。一个关系就是一个二维表，每个关系有一个关系名。在关系型数据库管理系统中，每个关系用一个文件来存储，关系名一般用文件名。

（2）属性。二维表中的列称为属性，也称为字段，属性在表中是列头，表中的每一列在关系范围内的名称必须唯一。在数据库管理系统中，用户需要为每个字段定义名称、数据类型与数据宽度等属性。在一个关系表当中不能有两个同名属性，如图1-6中有3列，对应三个属性（学号，姓名，年龄）。关系的属性对应概念模型中实体型以及联系的属性。

（3）记录。在一个二维表中，每一行数据总称为一个元组或记录。一个元组对应概念模型中一个实体的所有属性值的总称。如图1-6中有4行数据，也就有四个元组。由若干个元组就可构成一个具体的关系，一个关系中不允许有两个完全相同的元组。在二维表中，记录必须有唯一性的标识。

（4）关系模式。二维表的表头一行称为关系模式，即一个关系的关系名及其全部属性名的集合。关系模式是概念模型中实体型以及实体型之间联系的数据模型，一般表示为：关系名（属姓名1，属性名2……，属性名n）。在图1-6中，学生数据表中的关系模式为：学生表（学号，姓名，年龄）。

　　关系模式、关系、值三者之间的联系：关系模式指出了一个关系的结构，而关系则是由满足关系模式结构的元组构成的集合。因此关系模式决定了关系的变化形式，只要关系模式确定了，由它所产生的值——关系也就确定了。

（5）域。在关系数据库中，域指属性域，是指属性（字段）的取值范围。关系中每个属性的值是有一定变化范围的，每一个属性所对应的变化范围叫做属性的变域或简称域。它是属性值的集合，关系中所有属性的实际取值必须来自于它对应的域。例如，属性"员工编号"的域是10位字符，因此"员工编号"中出现的所有取值集合必须是该域上的一个子集。

（6）关键字。在关系数据库中，对每个指定的关系经常需要根据某些属性的值来唯一地操作一个元组，也就是要通过某个或某几个属性来唯一地标识一个元组，我们把这样的属性或属性组称为指定关系的关键字。

2）关系模型的特点

关系数据库是由若干个数据表构成的，而这些数据表是依据关系模型设计完成的，数据表之间既相互联系，又彼此独立，从而使关系数据库具有极大的优越性。关系型数据库不管设计得好坏，都可以存取数据，但是不同的数据库存取数据的效率有很大的差别。为了更好地设计数据库中的表，关系型数据库一般具有以下特点：

（1）字段唯一性。即表中的每个字段只能含有唯一类型的数据信息。在同一字段内不能含有相同的信息。

（2）记录唯一性。即表中没有完全一样的两个记录。在同一表中保留相同的两条记录是没有意义的,要保证记录的唯一性,就必须建立主关键字。

（3）功能相关性。即在数据库中,任意一个数据表都应该有一个主关键字段,该字段与表中记录的各实体相对应。这一规则是针对表而言的,它一方面要求表中不能包含与该表无关的信息,另一方面要求表中的字段信息要能完整地描述某一记录。

（4）字段无关性。即在不影响其他字段的情况下,能够对任意字段进行修改。所有非主关键字段都要依赖于主关键字,这一规则说明了非主关键字段之间的关键是相互独立的。

3）实体关系

（1）一对一关系。若对于实体 A 中的每一个实例,实体 B 中至多有一个实例与之联系,反之亦然,则称实体 A 与 B 之间是一对一的关系。图 1-7 所示是一个一对一关系的实例,它表示每个员工有一个或没有存款账户,而每个账户属于且仅属于一个员工。

图 1-7　一对一关系

（2）一对多关系。对实体 A 中的每一个实例,实体 B 中有 n 个($n \geq 0$)实例与之联系;反之,对实体 B 中的每一个实例,实体 A 中至多有一个实例与之联系,则称实体 A 与 B 之间是一对多的关系。图 1-8 所示是一个一对多关系的实例,它表示一种商品类型至少包含一种商品,而每种商品属于且仅属于一种商品类型。

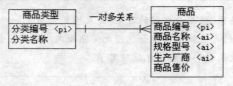

图 1-8　一对多关系

（3）多对多关系。对实体 A 中的每一个实例,实体 B 中有 n 个($n \geq 0$)实例与之联系;反之,对实体 B 中的每一个实例,实体 A 中有 m 个($M \geq 0$)实例与之联系,则称实体 A 与实体 B 之间存在多对多的关系。图 1-9 所示是一个多对多关系的实例,它表示一种商品可以由多家供应商提供,也可以没有供应商提供,而每家供应商可以提供多种商品,也可以不提供任何商品。

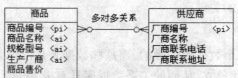

图 1-9　多对多关系

1.2.5　拓展练习

创建"成绩表"数据库,根据数据库模型的相关知识,学会在数据库中根据关系模型的特点组成相应的关系表。

1.3　Access 2007 工作界面介绍

Access 2007 是微软公司最新推出的系列办公套装软件之一,与以前的版本相比,最大的区别就在于界面方面。使用 Access 2007 制作数据库的所有工作都是在工作界面中完成的,所以,如果用户想熟练快捷地制作出完美的数据库来管理相关数据,就必须先熟悉 Access 2007 的工作界面。

1.3.1　实训目的

Access 2007 与以前的版本相比,其界面发生了很大的改变,采用了一种全新的用户界面,新界面使用称为"功能区"的标准区域来代替早期版本中的多层菜单和工具栏。用户在选择工具时,只需要选择相应的选项卡就可以很快地查找到所需的命令按钮,极大地节省了设计时间。为了更好地使用 Access 2007,本次实训的目的是要求用户熟练掌握 Access 2007 工作界面的相关知识。

1.3.2　实训任务

为了更好地利用数据库来管理数据,用户需要了解 Access 2007 数据库中工作界面的组成,功能区选项卡的作用,并熟记每个选项卡中所包含的命令组以及用法。本此实训的主要任务是要求用户学会如何打开和关闭数据库,并掌握建立数据库的操作步骤。

1.3.3　预备知识

1）启动 Access 2007

使用任何软件都需要安装程序的支持,Access 2007 也不例外。当用户安装好 Microsoft Office 2007 办公软件以后,只需要单击"开始"按钮,选择"所有程序"/"Microsoft Office"/"Microsoft Office Access 2007"选项(见图 1 – 10),即可启动 Access 2007,并进入 Access 2007 的工作界面窗口。

2）退出 Access 2007

当用户不再使用 Access 2007 软件时就可以选择退出,以免占用系统资源。退出 Access 2007 工作界面有两种方法:用户可以通过单击 Access 2007 窗口标题栏右上角的"关闭"按钮，或者单击标题栏最左边的"Office 按钮"，在弹出的菜单中选择"关闭"命令，即可以实现退出操作。

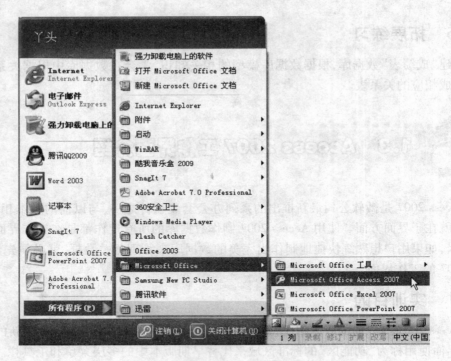

图 1 - 10　启动 Microsoft Office Access 2007

　　"Office 按钮"是 Access 2007 新增的功能按钮,位于界面左上角,单击"Office 按钮",将弹出 Office 菜单,在此菜单中包含了一些常见的命令,如"新建"、"打开"、"保存"、"打印"和"发布"等,如图 1 - 11 所示。

　　当用户在退出数据库操作界面时,如果对数据库进行了修改但没进行保存操作,直接退出时系统会自动打开一个"Microsoft Office Access"对话框,询问用户是否对当前修改的表进行保存,如图 1 - 12 所示。

　　如果用户选择"是"按钮,系统会保存修改后的数据库并执行关闭操作;如果用户选择"否",则系统将不保存用户修改的内容,而直接退出数据库;如果用户选择"取消",则系统会重新进入数据库的编辑状态,而不进行任何操作。

1.3.4　实训点拨

　　在正式设计数据库前,用户需要在"开始"菜单中选择"Microsoft Office Access 2007"选项启动 Access 2007,这时屏幕上将闪现出 Access 2007 的数据库模板窗口。在此窗口中,用户可以单击"空白数据库"按钮,然后输入新建数据库的名称后,单击"创建"命令,将进入数据库的初始化工作界面。此界面主要由 Office 按钮、标题栏、快速访问工具栏、功能区、导航窗格、表的数据表视图、选项卡式文档和状态栏等元素组成,如图 1 - 13 所示。接下来用户要进行的所有有关数据库的操作都将在此界面下完成。

Office 按钮

Office 菜单

图 1－11　Office 下拉菜单

图 1－12　系统提示对话框

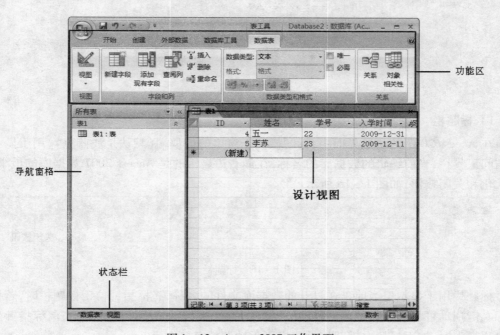

功能区

所有表

导航窗格

设计视图

状态栏

图 1－13　Access 2007 工作界面

　　首次启动 Access 2007 时,用户会发现没有以前版本中的菜单栏、工具栏,取而代之的是出现了多个选项卡式命令按钮组,例如"开始"选项卡,其下的命令按钮如图 1－14 所示。在展开的"开始"选项卡下,用户可以看到一些常见的有关段落、字体的设置命令就存放在这里。用户用到时,就可以直接进行选取操作。

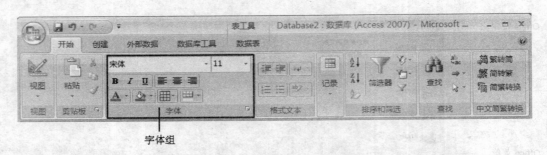

图 1-14   "开始"选项卡

在 Access 2007 用户界面的选项卡中,如果用户找不到所需要的命令,可以通过打开对话框启动器,此时会出现我们在以前版本中常用到的对话框,那里存放着所有的常用命令。例如"字体"对话框启动器,位于字体选项组右边,如图 1-15 所示。

图 1-15   字体对话框启动器

1) 标题栏

在 Access 2007 的初始界面中,标题栏位于窗口的最顶端(默认是浅蓝色),用于显示快速访问工具栏、当前编辑的数据库的名称,在最右边显示的是 Access 2007 数据库的最小化、最大化和关闭按钮,如图 1-16 所示。

图 1-16   标题栏

标题栏用于显示出当前正在打开的数据库文件的名称,光标指针位于标题栏时,若按下鼠标左键拖动可将窗口在屏幕上移动(此操作在窗口最大化时不可进行);当鼠标指针处于窗口边框上时,按下鼠标左键并拖动鼠标可手动调整窗口大小。

双击标题栏可使窗口迅速在最大化与原大小之间切换;单击 Windows 任务栏上的 Access 窗口按钮,可使窗口在最小化与原大小之间切换。

2) 快速访问工具栏

"快速访问工具栏"是 Access 2007 新增的一个功能,相当于我们在 Windows 中所使用的快捷菜单,位于"Office 按钮"旁边,是一个可自定义的快速访问工具栏,如图 1-17 所示。在此快速访问工具栏中,用户可以在其上面放置一些新建、保存、撤销、打印等最常用的命令按钮。在进行具体的数据库设计时,就可以在此工具栏中寻找所需要的命令,而不必再次打开相应的对话框启动器,或者相应的对话框,这样就可以很大程度上地减少设计时间。一般来讲,该工具栏中的命令按钮不会动态变换。

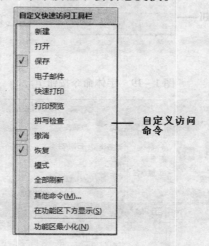

图 1 - 17　快速访问工具栏

3) 功能区

微软公司对 Access 2007 做了全新的用户界面设计,最大的创新就是改变原来的下拉式菜单,而将菜单栏和工具栏设计为一个包含各种按钮的全新的功能区命令组,将最常用的命令集中在此功能区中,如图 1 - 18 所示。

图 1 - 18　功能区选项卡

在功能区中,用户完成某一项任务所需要的命令都被集中存放在一个相应的选项组中,组又集中在选项卡中,单击功能区顶部的选项卡,用户可以看到各种常用的命令按钮。功能区中主要有"开始"、"创建"、"外部数据"、"数据库工具"、"数据表"五个基本选项卡。

(1)选项卡:在功能区的顶部,每个选项卡都与一种类型的活动有关,代表着在特定的程序中执行的一组核心任务。

(2)组:显示在选项卡上,是相关命令的集合。在各个组中都会有一个对话框启动器,用来打开相应的对话框或任务窗格,提供与该组相关的更多选项命令按钮。

(3)命令:按组来排列,可以是按钮、菜单或者是可供输入的信息框,如图 1 - 19 所示。

在 Access 2007 中,根据用户当前操作对象的不同,界面上会自动地显示一个动态命令标签,该标签中的所有命令都和当前用户操作的对象相关。例如,当用户选择数据库中的表数据后,在功能区中会自动产生一个黄色高亮显示的"表工具"动态命令标签。在此动态命令标签选项卡下,用户可以看到许多与选定对象有关的操作,如图 1 - 20 所示。

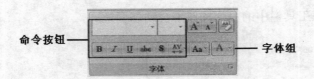

图 1-19 字体命令按钮组

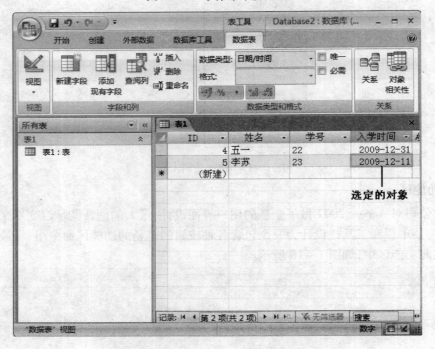

图 1-20 "表工具"动态命令标签

4）导航窗格

表的导航窗格位于 Access 2007 工作界面最左侧,该窗口显示了用该数据库所建立起来的所有的表、查询、窗体、报表等对象,如图 1-21 所示。当用户单击"所有表"选项时,将弹出如图1-22所示的快捷菜单,用户可以在此菜单中选择相应的表命令。

图 1-21 导航窗格

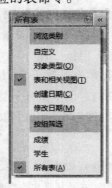

图 1-22 "所有表"命令列表框

5）状态栏

在 Access 2007 工作界面底部有如图 1 - 23 所示的状态栏,此状态栏用于显示当前正在编辑的数据库信息,其中还包括用户切换视图的按钮和显示状态信息等内容,用户可以在这里快速地查看当前数据库表中的详细情况。

视图切换按钮

图 1 - 23　状态栏

6）选项卡式文档

当数据库中的对象如表、查询、视图等在打开的情况下,将会在表的工作区中出现相应的带表名的选项卡,如图 1 - 24 所示。

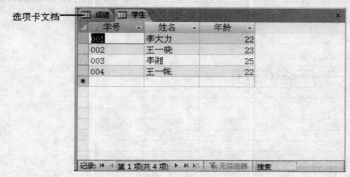

图 1 - 24　数据表视图

7）表的设计视图

表的设计视图是 Access 2007 的数据表设计工作区,"设计视图"按钮位于工作窗口的右下方,该部分主要用以记录数据库的字段定义,有关数据表的定义信息都将存放在这张表中,如图 1 - 25 所示。

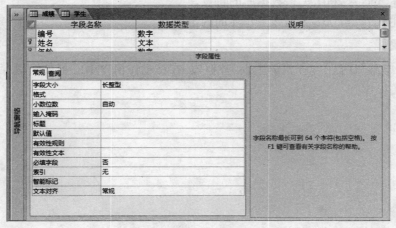

图 1 - 25　表的设计视图

1.3.5　拓展练习

根据学生入学的情况,创建一个有关"学生入学信息情况"的简单的数据库,练习一下数据库的创建、保存、打开操作。

本章主要介绍了 Access 2007 的工作界面和开发过程中经常用到的功能区命令按钮组的相关操作,以及关系型数据库的特点,数据库工作界面中所包含对象的用法等相关知识。通过本章的学习,读者对 Access 2007 数据库的操作有个概略的认识。

1）填空题

（1）Access 2007 数据库是_____数据库。

（2）在 Access 2007 关系数据库中,一个关系代表一个_____对象。

（3）在 Access 2007 中,关系类型中的"一对多"指的是_____。

（4）在 Access 2007 数据库中,数据保存在_____对象中。

2）简答题

（1）简述 Access 2007 数据库中的数据模型。

（2）简述 Access 2007 关系数据库的特点。

（3）简述 Access 2007 数据库工作界面的组成。

3）上机题

在"我的电脑"D 盘中创建"学生表"数据库,在其工作窗口中练习如何保存、打开、关闭数据库的相关操作。

第2章
数据库设计

本章重点

▲ 数据库对象

▲ 数据库的建立与编辑

▲ 设置数据库对象

▲ 设置数据库的安全性

Access 2007是Microsoft Office 2007办公套件中的组件之一，是当今最流行的桌面数据库管理系统。Access 2007数据库是所有相关对象的集合，包括表、查询、窗体、报表、宏、模块、Web页等。数据库中的每一个对象都是数据库的一个组成部分，其中表是数据库的基础，记录着数据库中的全部数据内容，而其他对象只是Access提供的用于对数据库进行维护的工具。

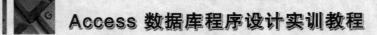

2.1 Access 2007 数据库

数据是信息的具体表现形式,是信息的载体,而信息则是关于某一客观系统中某一事物的属性或表现形式。数据可以是文字、数字、符号、声音或图像等,而数据库则可以将这些数据信息进行组合,将它们存放在相同的位置进行统一管理。所以说,数据库的创建是根据相关的数据而存在的,对数据的处理是数据库的基本任务。

2.1.1 实训目的

Access 2007 作为一个全新的版本,提供了一组功能强大的工具,可在便于管理的环境中对信息进行快速的跟踪、报告和共享。当用户在创建新的数据库时,会发现新版本的数据库与老版本相比,发生了众多的变化,界面进行了全新的改进,增加了专业化的模板和布局视图。在本次实训中,主要的目的是介绍 Access 2007 数据库具有的新特点和数据库中所包含的对象,使用户对数据库的基本知识有个大概的了解,为以后的数据库操作打下基础。

2.1.2 实训任务

Access 2007 为用户提供了一种全新的用户界面,所添加的布局视图可以帮助用户快速在各个对象之间进行导航切换操作,以帮助用户提高工作效率。Access 2007 不仅是一个数据库,而且还具有强大的数据管理功能,可以方便地利用各种数据源,生成窗体、报表、查询、应用程序等各种对象。本次实训的任务重点是要求用户熟悉 Access 2007 提供的新功能,使用改进的布局视图快速实现数据库中对象的切换操作,特别是如何利用新版本增强的排序和筛选功能来管理数据库中的数据。

2.1.3 预备知识

Access 2007 数据库与早期版本相比,用户界面进行了全新的改进,没有了菜单栏和工具栏,添加了选项卡式命令按钮组。在 Access 2007 中提供了功能强大的模板,可以引导用户快速入门,视图、窗体、报表的布局也做了全新的改进,增强了排序和筛选功能,方便数据的处理操作。另外,用户还可以使用改进的数据表视图快速创建表,并借助于"创建"选项卡,快速创建工作流集成。在安全性方面,Access 2007 也有了较大的提高。

1) 专业化模板

Access 2007 为用户提供了包括一套经过专业化设计的数据库模板,可用来跟踪联系人、任务、事件、学生和资产以及其他数据类型,可以更快速、直接地创建数据库,大大地节省了用户的设计时间。当用户启动 Access 2007 时会出现并打开数据库模板,每个模板就是一个完整的跟踪应用程序,其中包含预定义表、窗体、报表、查询、宏和关系,如图2-1所示。

图 2-1　Access 2007 数据库模板窗口

　　在图 2-1 所示的窗口的左边为用户提供了两种模板类别,如果在安装 Office 时,注册了联机服务,则两种模板类别的下面还会有来自 Office Online 提供的模板。

2) 布局视图

Access 2007 是一个可视化工具,其风格与 Windows 完全一样,用户想要生成对象并应用,只要使用鼠标对对象进入设计即可,非常直观方便。系统还提供了表生成器、查询生成器、报表设计器以及数据库向导、表向导、查询向导、窗体向导、报表向导等工具,使得用户的操作更加简便,容易使用和掌握。

3) 全新的工作界面

Access 2007 采用了全新的工作界面,此界面包括一个称为功能区的标准区域,该区域包含按特征和功能组织在一起的命令组。功能区代替了 Access 早期版本中的菜单栏和工具栏。使用 Access 2007 功能区中的命令按钮可以更快地找到相关命令组。例如,如果需要创建一个窗体或报表,可以使用"创建"选项卡下的命令,如图 2-2 所示。

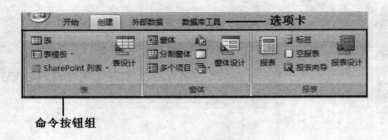

图 2－2　Access 2007 功能区

4）增强的排序和筛选工具

新的 Access 2007 自动筛选功能强化了本已强大的筛选操作,使得用户可以快速将焦点放在所需要的数据上。在 Access 2007 中,用户可以在功能区中找到最常用的筛选选项,如图 2－3 所示,也可以根据输入的数据使用快速筛选器来限制信息,查看符合数据类型的文本、日期和数据选项,如图 2－4 所示。

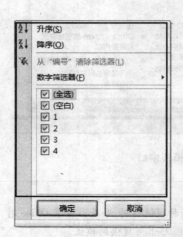

图 2－3　Access 2007"排序和筛选"列表

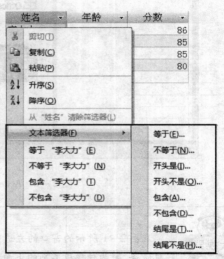

图 2－4　Access 2007"筛选条件"列表框

5）改进的数据表视图

在定义数据表的数据字段时,Access 2007 的修改操作更简便也更可视化,使用者不用切换到设计视图画面,即可直观地进行字段的添加。在如图 2－5 所示窗口的新数据表的数据表视图界面下,用户可以直接输入数据记录的内容,也可以直接单击最右侧的"添加新字段",系统会自动创建所需字段并识别数据的类型。

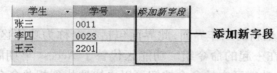

图 2－5　数据库表中添加字段选项

6）自动类型识别功能

在 Access 2007 中创建表就像处理 Microsoft Office Excel 表格一样容易，当用户键入信息后，可以借助系统提供的自动数据类型检测功能，输入相应的字段数据信息后，Access 2007 将识别该信息是日期、货币还是其他常用数据类型。

7）改进的导入导出功能

利用 Access 2007 中的新功能可以很容易地导入和导出数据。用户可以保存导入和导出操作，然后在下次需要执行相同任务时重新使用保存的操作。利用"导入数据表向导"，可以覆盖 Access 选择的数据类型，并且可以导入、导出为新的 Excel 2007 文件格式或链接到其他文件格式中。

2.1.4 实训点拨

用户在学习 Access 2007 数据库操作知识之前，需要对数据库的结构有所了解。整个 Access 数据库系统按照不同功能的组件可以分为六大操作项，分别为表、查询、窗体、报表、宏、模块。对于数据库所进行的数据录入、查询、界面设计和打印等操作，都是在这六个对象中实现的。本次实训点拨只需要用户简单了解一下这六个对象的基本功能和工作界面外观，使用户对数据库的操作对象有一个初步的认识。这六个对象的具体操作和创建步骤在以后的章节中会重点讲解。

1）表

表是数据库中实际存储数据的地方，是数据库的核心，也是 Access 2007 对象里最重要的一个，可以说没有"表"对象，Access 2007 就没有存在的价值。通过表对象，用户可以建立起数据库的结构。表对象有设计视图和数据视图两种，数据视图显示的是表中的记录，如图 2 - 6 所示；设计视图用来显示表的结构，如图 2 - 7 所示。

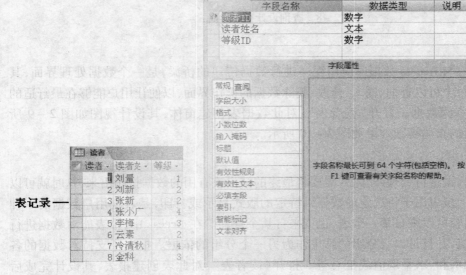

图 2 - 6　表的数据视图　　　　　　图 2 - 7　表的设计视图

Access 2007 数据库的表分为本地表和链接表,保存在当前数据库中的表称为本地表,在当前数据库中使用,存储在其他数据中的表称为链接表。

2）查询

对表中的数据进行各种操作后,可以将其结果保存为"查询"对象。在实际应用过程中,用户就可以随时打开查看,以提高工作效率。查询可以从表中提取满足特定条件的数据。使用查询可以修改、添加或删除数据库记录,在报表、窗体等数据库对象中都可以使用查询。打开"读者表",对读者 ID 和读者姓名字段执行查询操作的效果如图 2-8 所示。

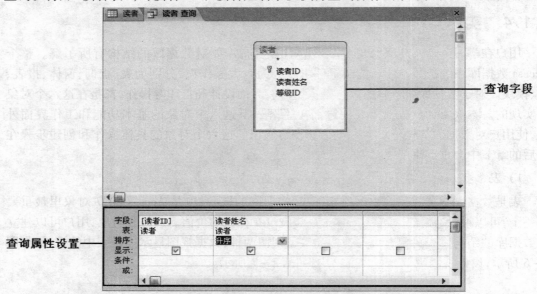

图 2-8　查询设计视图界面

3）窗体

窗体是用户与 Access 数据库应用程序进行数据传递的桥梁,是一个数据处理界面,其功能在于建立一个可以查询、输入、修改、删除数据的操作界面,以便让用户能够在最舒适的环境中输入或阅览数据。打开"读者表",对此数据表创建窗体,其设计视图如图 2-9 所示,设置完成后的布局视图效果如图 2-10 所示。

4）报表

当用户对数据进行处理操作后,需要将最终的结果或有用的数据打印出来,这时就可以用到报表功能。报表用于将选定的数据以特定的版式显示或打印,是表现用户数据的一种有效方式,其内容可以来自某一个表,也可来自某个查询。在 Access 中,报表能对数据进行多重的数据分组,并且可以将分组的结果作为另一个分组的依据。报表还支持对数据的各种统计操作,如求和、求平均值或汇总等。打开"读者表",对此表创建报表,其设计完成后的布局视图效果如图 2-11 所示。

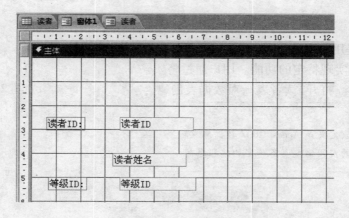

图 2-9　窗体设计视图

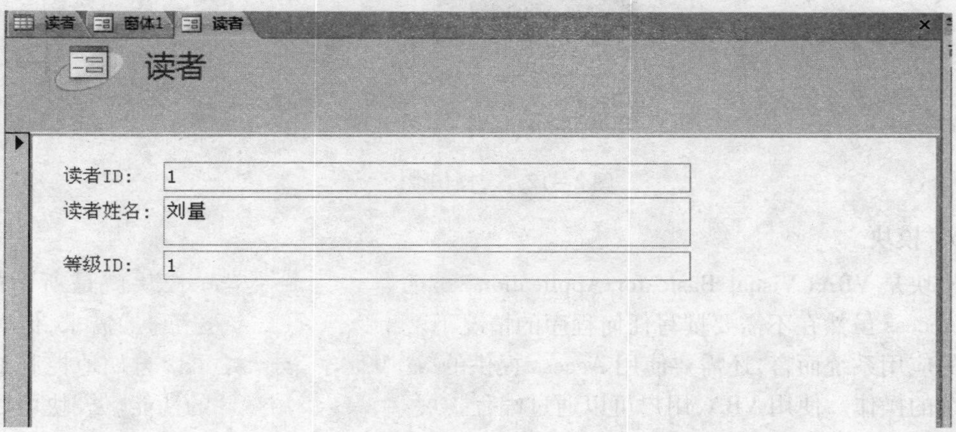

图 2-10　窗体布局视图效果图

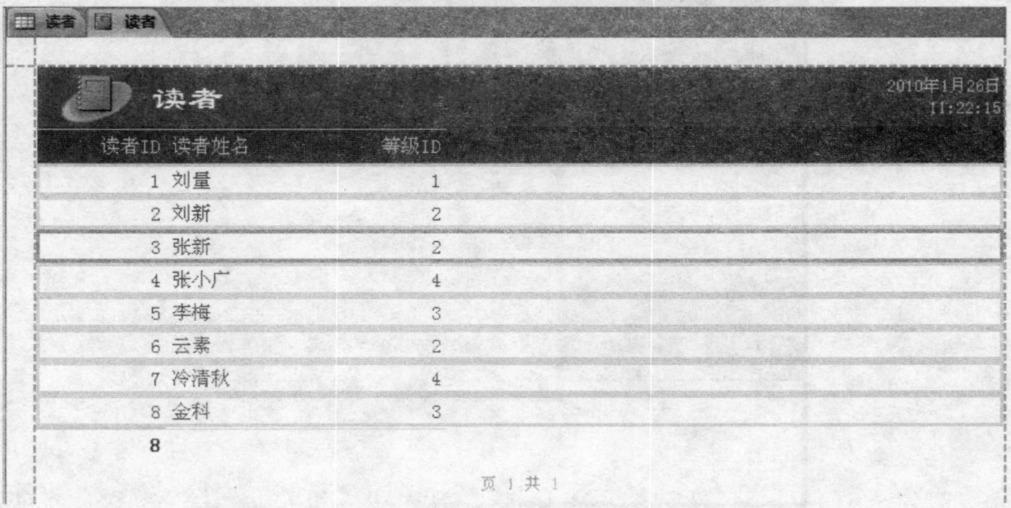

图 2-11　报表布局视图效果图

5）宏

"宏"对象是用来写入代码的,它由一连串的动作组成,是一个或多个命令的集合,其中每个命令都可以实现特定的功能。用户通过将宏命令组合起来,可以自动完成某些经常重复或复杂的操作。打开"读者表",对数据表创建宏对象,其设计视图如图 2 – 12 所示。

 宏定义是 Access 2007 数据库里较高的操作,应用宏定义,需要写入程序代码,关于"宏"对象的应用需要具备一定的编程思想。

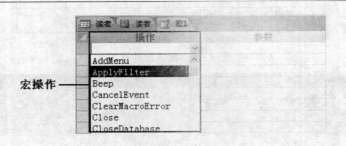

图 2 – 12　宏操作视图界面

6）模块

模块是 VBA（Visual Basic for Application）声明和过程的集合。模块就是所谓的"程序",Access 虽然在不需要撰写任何程序的情况下就可以满足大部分用户的需求,但对于较复杂的应用系统而言,还需要使用 Access 提供的 VBA 程序命令,才可以自如地控制细微或较复杂的操作。使用 VBA,用户可以通过编程扩展 Access 应用程序的功能。模块可以是窗体模块、报表模块或标准模块,如图 2 – 13 所示。

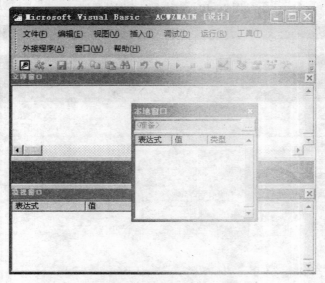

图 2 – 13　模块设计工作界面

2.1.5　拓展练习

在 Access 2007 中创建一个"学生管理"数据库,并在此数据库中练习如何新建报表、查询和窗体等对象的操作。

2.2　创建数据库

Access 2007 数据库是一个表、查询、窗体、报表、宏和模块等对象共同组成的集合。其应用程序开发总是从创建 Access 数据库文件开始的。

2.2.1　实训目的

数据是需要进行处理的,所谓的数据处理指的是对各种类型的数据进行收集、存储、分类、计算、加工和检索的过程。数据的处理工作需要数据库这个大容器的支持,才可以更方便地完成。在本次实训中,将以创建"Database1"数据库为例,使用户了解数据库中的新建、保存等相关命令的操作方法。

2.2.2　实训任务

为了方便用户对数据库的学习,也让用户对数据库有一个更加清晰的认识,在这里将会引用一个实例,让用户先来感受一下数据库的功能和作用。本次实训的任务是以创建名为"Database1"的数据库为例,使用户学会如何新建、保存、打开、关闭数据库的相关操作。

2.2.3　预备知识

1）新建 Access 2007 数据库

要创建一个新的数据库,用户需要通过开始菜单启动 Access 2007,在进入其工作界面后,单击工作窗口最左边的"Office 按钮" ,在弹出的如图 2 – 14 所示的下拉列表中单击"新建"命令,在新打开的界面中单击"空白数据库"命令,将弹出 Access 2007 数据库的工作界面,如图 2 – 15 所示。在空白数据库的"文件名"文本框中,用户需要输入数据库的名称,最后单击"创建"命令,即可新建一个空白数据库。

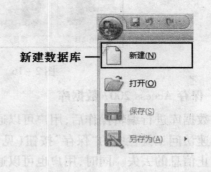

图 2 – 14　通过 Office 按钮新建数据库列表

空白数据库

图 2-15　新建数据库命令

在 Access 2007 中,为了使用户能更加方便、快捷地创建数据库,特提供了一些常用模板。用户可以通过单击"开始"菜单/"所有程序"/"Microsoft Office"/"Microsoft Office Access 2007"命令,进入如图 2-16 所示的界面中,在"功能"选项中选择相应的模板,就可以创建带模板的数据库。

图 2-16　数据库模板效果图

2）保存 Access 2007 数据库

对数据库进行编辑操作后,用户可以通过单击"Office 按钮" /"保存" 命令,或者单击快速访问工具栏中的"保存"按钮(见图 2-17),即可对编辑的数据库进行保存操作,从而防止信息的丢失。同时,用户也可以通过按【Ctrl + S】组合键,打开"另存为"对话框,在此对话框中,设置保存新建数据库的位置和名称。

Access 2007 数据库默认保存文件的扩展名是 .accdb,但用户可以更改默认文件的保存格式,以使 Access 2007 创建与旧版本 Access 兼容的 .mdb 文件。在 Access 2007 数据库中,保存文件可用的格式为 Access 2000 和 Access 2002-2003。

3）打开 Access 2007 数据库

如果需要打开已经存在的数据库文件,用户只需要用鼠标双击扩展名为 .accdb 的文件,这时 Access 2007 会自动启动并打开该数据库文件。如果已经启动 Access 2007,用户还可以通过单击"Office 按钮" 📄,从列表框中选择"打开"命令;或者单击快速访问工具栏中的"打开"按钮,在打开的对话框中选择所需要打开的数据库文件,单击"确定"按钮,即可完成所需要的打开操作。

> 小资料　在打开 Access 2007 数据库文件时,其工作界面窗口的右侧会显示"打开最近的数据库"文件列表,如图 2 - 18 所示。
>
> 用户可以选择所要打开的数据库文件的名称,然后单击鼠标左键即可实现打开操作。

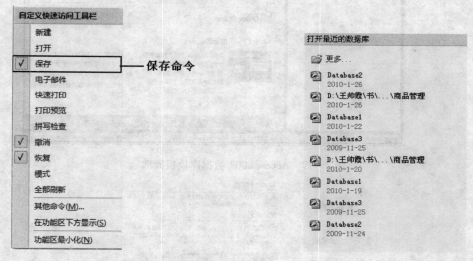

图 2 - 17　快速访问工具栏中的"保存"按钮　　　　图 2 - 18　数据库文件列表

2.2.4　实训步骤

（1）要创建一个新的数据库文件,首先需要单击"开始"按钮,在"开始"菜单中选择"所有程序"/"Microsoft Office"/"Microsoft Office Access 2007"命令,以启动 Access 2007,并进入 Access 2007 数据库模板界面,如图 2 - 19 所示。

（2）当进入 Access 2007 模板界面后,用鼠标左键单击此界面中的"空白数据库"命令,在界面右侧将出现数据库的建立界面,如图 2 - 20 所示。在此界面的"文件名"下面的文本框中输入数据库的名称为"Database1",最后单击"创建"按钮,即可创建一个名为"Database1"的空白数据库,创建后的效果如图 2 - 21 所示。

大视野　在 Database1 数据库创建后的工作界面中,用户可以通过右键单击快速访问工具栏最右边的下拉按钮,在打开的下拉列表框中选择"新建"命令,或者按组合键【Ctrl + N】,将创建一个新的数据库文件。

图 2 - 19 Access 2007 数据库模板界面

图 2 - 20 "Database1"数据库建立界面

（3）在如图 2 - 21 所示的"Database1"数据库工作界面中，可以看到系统已经默认建立了一个"表 1"对象。这时只需要用鼠标双击"表 1"右面的"ID"字段名或者"添加新字段"就可以输入所需要的文本，即向数据库中添加数据信息，添加数据后的效果如图2 - 22所示。

（4）在"Database1"数据库中添加数据信息后，可以单击"Office 按钮"，从列表框中选择"保存"命令，将打开如图 2 - 23 所示的"另存为"对话框。要求输入新建"表 1"的名称，如"系"，最后单击"确定"按钮即可。

> 在"Database1"数据库中输入数据信息的过程，实际上是建立表中数据的过程。用户可以在"Database1"数据库工作界面"创建"选项卡的"表"组中选择"表"命令，即可在此数据库中再次创建一个新表，然后按照上面(3)、(4)操作中的步骤即可对新表输入数据，并可以保存为"专业表"，其效果如图2 -24所示。对于表的创建和编辑操作，将在第 3 章中进行详细介绍。

命令按钮组

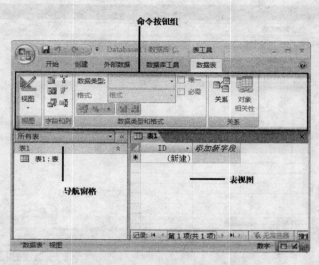

图 2－21　新建"Database1"数据库窗口

图 2－22　添加数据库数据信息效果图　　　　图 2－23　"另存为"对话框

（5）在数据库中可以创建多个"表"对象。当完成"Database1"数据库中数据的输入后，用户需要执行保存操作。单击"Office 按钮"，从列表框中选择"另存为"/"Access 2007 数据库"命令后，将弹出如图 2－24 所示的提示信息对话框，要求用户关闭当前数据库中的对象。当选择"是"按钮后，系统将弹出如图 2－25 所示的"另存为"对话框，此时保存的文件类型为 Access 2007 数据库类型。

图 2－24　数据库提示信息对话框

（6）在系统弹出的"另存为"对话框中，用户可以在"保存位置"列表中选择"Database1"数据库保存的位置，如 D 盘；在"文件名"文本框中输入"Database1"，然后单击"保存"按钮，即可完成创建"Database1"数据库的操作，如图 2－26 所示。

（7）通过以上步骤，完成对"Database1"数据库的创建操作后，用户可以单击 Access 2007 窗口标题栏右上角的"关闭"按钮，关闭已经创建好的"Database1"数据库文件，以方便下次使用。完成的"Database1"数据库的效果如图 2－27 所示。

（8）对于已经创建好的"Database1"数据库文件，如果是处于关闭状态，而用户需要修改已存在的信息时，则需要启动 Access 2007 进入工作界面中。在其工作界面窗口中单击"Office 按钮"，从列表框中选择"打开"命令或单击快速访问工具栏中的"打开"命令，将

图 2-25 "另存为"对话框

图 2-26 "Database1"数据库"另存为"对话框

打开如图 2-28 所示的对话框。

（9）在图 2-28 所示的对话框中，用户可以在查找范围列表中选择"Database1"数据库文件的位置，找到刚创建的数据库，然后选择"Database1"，单击"打开"按钮，即可打开"Database1"数据库文件，并进行相应的修改操作。

2.2.5　拓展练习

创建"学生成绩管理"数据库，练习如何打开、保存、关闭或将新建的数据库进行"另存为"等操作。

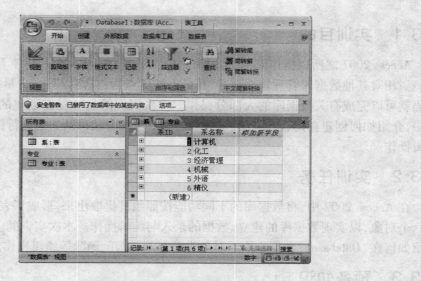

图 2 – 27　Database1 数据库文件

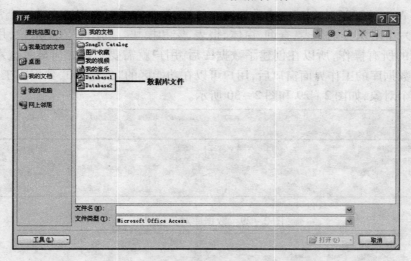

图 2 – 28　"打开数据库"对话框

2.3　编辑数据库对象

　　数据库是数据的集合,具有统一的结构形式并存放于存储介质内,是多种应用数据的集成,并可被各个应用程序共享。Access 2007 数据库是一种系统软件,负责数据库中数据的组织、操纵和维护工作,它共包含有表、视图、查询、宏等七个对象。在 Access 2007 中,对数据库的管理与编辑操作,主要是针对这七个对象进行的。

2.3.1 实训目的

Access 2007 之所以操作简单,是因为它提供了一个功能强大且易于开发的数据库工作环境。相对其他数据库管理软件而言,其最大的优点为:只需要写入少量代码,甚至不需要代码就可以完成有关数据库的大部分操作。本次实训的目的是在创建的"Database1"数据库中,介绍如何创建查询、表、视图、窗体和宏等对象的方法以及如何进行保存、打开、删除等编辑操作。

2.3.2 实训任务

在 Access 2007 中,将数据库的不同功能按照组件提取出来,形成了表、查询、窗体、报表等六个对象,以实现数据库的建立、数据的录入与编辑操作。本次实训的主要任务是向用户介绍如何在"Database1"数据库中对对象进行复制、打开、删除等编辑操作。

2.3.3 预备知识

在中文 Access 2007 中创建一个数据库文件后,常常需要对数据库中的六个常用对象进行操作。这六个对象分别是表、查询、窗体、报表、宏和模块。利用这六个对象,用户可以完成对数据库的所有操作,所以在创建了数据库后,用户就需要了解如何显示这六个基本对象。在进入数据库的工作界面窗口后,用户可以在功能区的"创建"和"数据库工具"选项卡下找到这六个对象,如图 2-29 和图 2-30 所示。

图 2-29 数据库对象创建组

图 2-30 创建 VBA 对象

 Access 2007 中的对象基本上都集中在"创建"选项卡中,只有"模块"对象和一部分"宏"对象在"数据库工具"选项卡下。对于数据表中的这六个对象,系统提供了四种强大的视图模式,分别是"数据表视图"、"数据透视表视图"、"数据透视图视图"和"设计视图"。在"开始"选项卡的"视图"组中选择"视图"命令,打开如图 2-31 所示的列表,从中选择相应的命令即可切换到不同的视图。

数据透视表视图可以用来查看比较复杂的数据表。打开"Database1"数据库中的"系表",然后在"开始"选项卡的"视图"组列表中选择"数据透视表视图"命令。

在此视图右边的"数据透视表字段列表"中选择相应的字段后,拖动字段到左边区域中将产生如图2-32所示的效果,并以"数据透视表视图"的形式显示了"系表"中的"系ID"和"系名称"字段的详细信息。

图2-31 "数据视图"列表框

图2-32 数据透视表视图

数据库中的数据透视图视图可以以"柱形图"的图表方式直观地将数据表记录信息展现在用户面前。当用户选择了"Database1"数据库中的"系表"后,在"开始"选项卡的"视图"组中选择"数据透视图视图"后,将出现如图2-33所示的窗口。在窗口右边的"图表字段列表"中,用户可以选择字段,并通过拖动的方式拖到左边的窗口中,生成该字段所记录的信息图表。

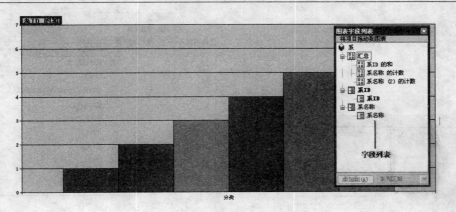

图2-33 数据透视图视图

在Access 2007中,数据透视图视图默认是以"柱形图"显示的,用户可以用鼠标右键单击图表,在弹出的快捷菜单中选择"更改图表类型"命令,将打开如图2-34所示的图表类型"属性"对话框。在此对话框中,用户可以在"类型"选项中选择相应的图表样式来替换当前显示的图表效果。

2.3.4 实训步骤

（1）当用户创建好一个数据库后，就可以在此数据库中添加常用到的六个对象。对于创建的"Database1"数据库，用户可以在导航窗格中将鼠标移动到需要打开的表上，用鼠标右键单击，在弹出的如图 2－35 所示的快捷菜单中选择"打开"命令，即可打开如图 2－36 所示的效果。

图 2－34　"图表类型属性"对话框

图 2－35　数据库导航窗格

对于数据库中创建的报表、查询等对象，用户也可以使用打开表的方法对这些对象执行打开操作，只是选择的对象不同。对于"Database1"数据库中的"专业表"创建有查询对象，打开查询的列表如图 2－37 所示。

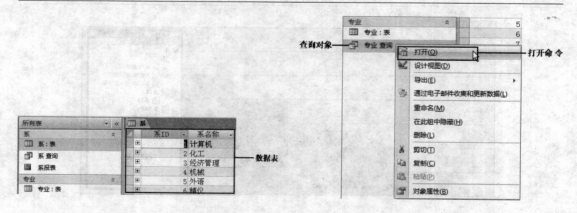

图 2－36　数据库表设计视图　　　　　图 2－37　"打开"查询命令列表

（2）创建的"Database1"数据库中有"系表"和"专业表"对象，用户还可以通过"创建"选项卡下的相关命令在数据库中添加其他对象。例如为"系表"添加"系报表"对象，用户可以在"创建"选项卡的"报表"组中选择"报表"命令，即可在数据库中添加报表对象，其效果如图 2－38 所示。

（3）在"Database1"数据库中有"系表"和"专业表"对象，同时，还创建有"系"报表和"查询"对象。对于这些对象，用户可以在打开数据库后，在导航窗格上单击"所有表"命令，将打开如图2-39所示的菜单，在此菜单中可以选择需要显示的对象。

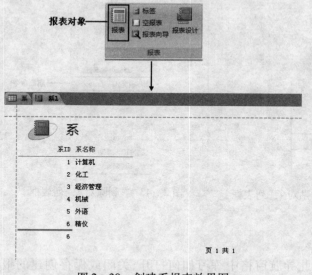

图2-38　创建系报表效果图

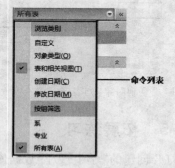

图2-39　"所有表"命令列表框

对于数据库中的对象，用户可以用鼠标右键单击，从弹出的如图2-40所示的列表中，用户可以更改对象的排列方式，可以按"升序"、"降序"、"名称"，或者"创建日期"排列，也可以按照"修改日期"进行排列。

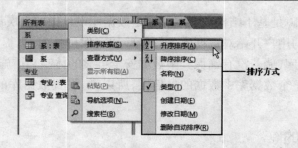

图2-40　设置对象的排序方式

（4）在创建的"Database1"数据库中有"系表"和"专业表"对象，用户可以通过"复制"命令，将数据库中的对象粘贴到另一个位置中，其方法需要用户将鼠标移动到要执行复制操作的对象上，如"系"报表，然后右键单击鼠标，从弹出的如图2-41所示的快捷菜单中选择"复制"命令，在目标位置中执行相同的操作，选择"粘贴"命令即可，如图2-42所示。

（5）对"Database1"数据库中创建的对象，用户可以通过"删除"命令，将数据库中不用的对象执行删除操作，其方法需要用户将鼠标移动到要执行删除操作的对象上，如"系报表副本"对象，然后右键单击鼠标，从弹出的如图2-43所示的快捷菜单中选择"删除"命令即可。

图 2-41 "复制对象"列表框   图 2-42 "粘贴对象"列表框   图 2-43 "删除对象"列表框

2.3.5 拓展练习

打开创建的"学生管理"数据库,在此导航窗格中练习如何打开、关闭或保存创建的报表、表或查询对象的操作。

2.4 设置数据库的安全性

数据库安全性保障是基于结构的、体制的,是数据库设计中的上层设计。随着数据库技术的发展,越来越多的用户开始对数据库进行一些加密保护技术,以提高数据库的安全性。结构设计再好的数据库,倘若没有确保其中数据安全可靠的体制和措施,即使只有一两个数据不真实,也会影响整个数据库中数据的可信度,所以说,设置数据库的安全是管理数据库必不可少的操作。

2.4.1 实训目的

基于数据库的管理信息系统实现后,接下来的工作就是设置数据库的安全性。虽然,目前以 DBMS 为统领的各种数据库管理系统一般都有支持安全性功能。但是,如果这些安全措施数据库管理者不采用,那么整个数据库系统可以说是没有保护能力的。本次实训的目的是对"Database1"数据库进行加密操作,使用户了解加密的重要性。

2.4.2 实训任务

安全性措施是安全性体制的一部分,保证数据库中数据的安全性是数据库管理员基本的任务。在 Access 2007 中,最简单的保护数据的方法是对数据库进行加密。加密数据库就是将数据库文件压缩,从而使某些实用程序不能解读这些文件。本此实训的最基本任务就

是向用户介绍如何在"Database1"数据库中进行加密和解密操作。

2.4.3　预备知识

由于计算机技术的发展,在中文 Access 2007 中创建一个数据库文件后,往往需要对数据库文件执行加密操作,以维护数据库的安全,保护数据库中的资料免被他人盗取。在 Access 早期版本中,用户可以通过密码来保护数据库。在 Access 2007 中,用户仍可以用加密的方式来保护数据库,并且安全性级别比早期的版本更强。

在 Access 2007 中,对数据库文件进行加密,用户必须以独占的方式打开数据库,否则,系统将产生错误,提示需要将数据库以独占方式打开,如图 2-44 所示。

图 2-44　系统提示对话框

 对于以新文件格式(.accdb 和.accde 文件)创建的数据库,Access 2007 不提供用户级安全。但是,如果在 Access 2007 中打开早期版本的 Access 数据库,并且该数据库应用了用户级安全,那么这些设置仍然有效。如果将具有用户级安全的早期版本 Access 数据库转换为新的文件格式,Access 2007 数据库将自动剔除所有安全设置,并应用保护 .accdb 或 .accde 文件的规则。

2.4.4　实训步骤

(1)当用户创建好一个数据库后,为了保护数据库中数据的安全,需要设置密码访问。对于创建的"Database1"数据库,用户可以通过"开始"菜单,打开 Access 2007 程序,进入其工作界面窗口。

(2)设置数据库安全密码需要用户在打开的工作界面中单击"Office"按钮,打开"Office"菜单,从中选择"打开"命令,选中需要设置密码的数据库文件,如图 2-45 所示。在"打开"对话框中单击"打开"按钮右边的下拉黑色箭头,将打开如图 2-46 所示的列表框,从中选择"以独占方式打开"命令即可。

 在如图 2-46 所示的列表中,打开方式允许用户查看数据库与编辑数据库;只读方式只允许用户查看数据库,但不能编辑数据库中的数据;独占方式禁止网络上其他用户再打开该数据库;独占只读方式是网络数据库的访问方式,具有只读和独占两种方式的特征,即只能查看不能编辑数据库,且不允许其他用户再打开此数据库。

(3)当用户以独占方式打开"Database1"数据库后,可以在功能区"数据库工具"选项卡的"数据库工具"组中选择"用密码进行加密"选项,即可打开如图 2-47 所示的"设置数据库密码"对话框。

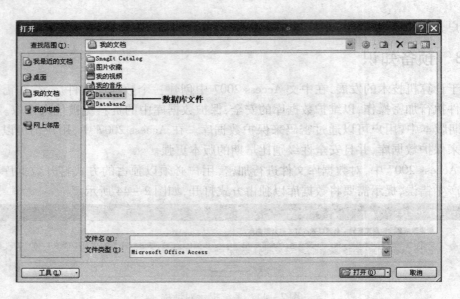

图 2-45 "打开"数据库对话框

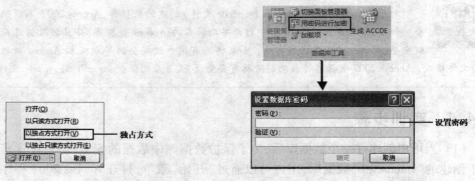

图 2-46 "打开方式"列表框

图 2-47 设置数据库密码

（4）在"设置数据库密码"对话框中，用户可以在"密码"文本框中输入访问数据库的密码，在"验证"文本框里输入相同的密码以示确认（见图 2-48），设置完成后单击"确定"按钮，关闭此对话框即可。

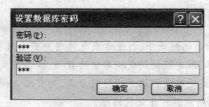

图 2-48 "设置数据库密码"对话框

　对于数据库中的对象，通过设置密码可以加强数据库的安全性。在保护数据库资料时，对数据库设置密码是非常有必要的。

（5）对"Database1"数据库设置密码后，如果用户需要使用数据，在打开此数据库时，系统将弹出如图 2-49 所示的"要求输入密码"提示对话框，要求用户输入设置的密码，完成后单击"确定"按钮即可进入此数据库。

图 2-49　"要求输入密码"对话框

　　在 Access 2007 中，对数据库文件输入了密码设置后，还可以对已加密的数据库执行撤消加密的操作。撤消数据库的加密操作，需要用户进入设置密码的数据库后，在"数据库工具"组中选择"解密数据库"命令（见图 2-50），将弹出如图 2-51 所示的"撤消数据库密码"对话框。在此对话框的"密码"文本框中，输入设置的密码，完成后"单击"确定按钮即可。

　　在"撤消数据库密码"对话框中，用户输入的密码必须与设置的原密码相同，否则不能实现解密操作。同时，解密数据库文件也必须以独占方式打开数据库，否则系统将产生错误。

图 2-50　数据库工具组

图 2-51　"撤消数据库密码"对话框

2.4.5　拓展练习

　　建立"商场人事管理"数据库，利用数据库的加密或解密操作，对此数据库进行加密的安全性设置。

2.5　本章小结

　　本章主要介绍了 Access 2007 数据库所包含的表、报表、视图和查询等对象的创建以及数据库关闭、保存的操作。为了保护数据库数据的安全性，还介绍了如何对数据库中的数据进行加密操作等相关知识。通过本章的学习，读者将对 Access 2007 数据库对象有个比较概略的认识。

2.6　综合练习

1）填空题

（1）在 Access 2007 中，数据库文件的扩展名是_____。

（2）在 Access 2007 中，数据库对象的核心为_____。

（3）在 Access 2007 中，对数据库中的数据设置密码需要以_____方式打开数据库。

2）简答题

（1）简述 Access 2007 数据库中包含的对象。

（2）简述 Access 2007 数据库查询对象的创建方法。

（3）简述 Access 2007 数据库的创建方法。

3）上机题

以库存信息为依据，创建"库存"数据库，在此数据库中创建表、窗体、视图和查询等对象，并为其设置打开密码。

第3章
表 设 计

本章重点

▲ 表间结构

▲ 表间关系的建立与编辑

▲ 记录的排序与筛选

▲ 表中数据的导入与导出操作

  Access 2007数据库设计的基本内容就是明确应该建立哪些表以及如何建立表与表之间的关系。表是数据库的心脏，是具有相同主题的数据集合。用户在创建和使用窗体、查询或报表之前，需要依据每个不同的主题创建不同的表，并在其中存放不同的数据，而存放的数据则按照一定的关系组成记录。用户可以对记录进行排序或筛选操作，也可以将表中的数据导出成为文本。

3.1 创建数据表

创建 Access 2007 表之前，用户应该仔细评估需求并规划数据库，以确定所需要表的结构，并在此基础上输入数据完成表的创建。对数据库进行操作是建立在表的基础上，没有表也就没有有关的数据，没有数据也就谈不上如何操作数据库，所以，如果用户想熟练快捷地操作数据库，就必须先创建数据表。

3.1.1 实训目的

表是数据库操作的主要对象，表的外观就如一张二维表格，由列和行共同组成，列称为表的字段，行称为表的记录。在 Access 2007 中，创建数据表分为创建新的数据库和在现有的数据库中创建两种情况。在创建新的数据库时，系统会自动创建一个新表，而在现有数据库中创建表主要是通过表向导和设计视图来完成的。在本次实训中主要的目的是通过在"Database1"数据库中创建表对象，学会如何在数据库中建立并设置表数据的操作。

3.1.2 实训任务

利用表向导创建表是数据库建立表最简单的方法，用户只需要按照相关的提示就可以完成相应的操作；利用表设计器创建表是用户建立数据库表最常用的方法，但它需要用户先规划表的结构、大小，建立一个最基本的模型，然后根据建立的模型输入符合条件的数据。对于输入的错误数据，用户可以更改，对于不需要的数据，用户可以执行删除操作。本次实训的任务重点是在创建的"Database1"数据库中，利用表向导和表设计器来创建表，并在表中添加数据。

3.1.3 预备知识

1）表间结构

表是 Access 2007 中所有其他对象操作的基础，因为表存储了其他对象用来在 Access 2007 中执行任务和活动的数据。在 Access 2007 中，每个表都由若干记录组成，每条记录都对应于一个实体，同一个表中的所有记录都具有相同的字段定义，每个字段存储着对应于实体的不同属性的数据信息，如图 3-1 所示。

图 3-1 Access 2007 表结构

Access 表看起来和 Excel 表差不多,但在这个表中是无法直接进行计算的,这点很多初学者都犯过类似的错误。另外,在 Access 表中是可以直接进行数据输入的,但就数据库而言,一般是不会直接在这里面输入数据,而会使用窗体作为一个录入界面接口。

2) 字段

表中的列称为字段,用来描述数据的某些特性,是通过在表设计器的字段输入区输入字段名和字段数据类型而建立的。表中的记录包含许多字段,分别存储着关于每个记录的不同类型的信息。字段名中可以使用大写或小写,或大小写混合的字母。字段名可以修改,但一个表的字段在其他对象中使用,修改字段将会带来一致性的问题。例如学生表中的学号、姓名、性别等,分别描述了学生的不同特性。

字段名最长可达 64 个字符,用户应该尽量避免使用过长的字段名。在设计字段名称时,有些字符不允许出现在字段名称中,如句点(.)、惊叹号(!)、方括号([])和左单引号(')。

字段的类型就是字段的数据类型,不同数据类型的字段用来表达不同的信息。在设计表时,用户必须要定义表中字段使用的数据类型。Access 2007 中共有文本、数字、日期/时间、查阅向导和附件等 11 种数据类型。

3) 记录

表中的行称为记录,它由若干个字段组成。一个课程表的记录由课程号、课程名称、课程性质和考试类别等字段组成,记录描述了某一个具体对象(课程)的全部信息。

记录和字段的相交处是表用来存储数据值的位置,它一般有一定的取值范围。

4) 数据类型

在数据库表中,不同数据类型的存储方式不同,占用的空间大小也不同。字节型数据占 1 个字节,能表示数的范围为 0 ~ 255 之间的整数;整型数据占 2 个字节,能表示数的范围为 -32768 ~ 32767;而长整型占 4 个字节,能表示的整型数的范围更大一些。在实际使用过程中,用户需要使用何种数据类型,要根据所定义的字段的性质而定,对于"学生姓名"字段,用户就可以使用字节型数据。常见的数据类型如表 3 - 1 所示。

表 3 - 1　常见的数据类型

数据类型	存　储	大　小
文本	字母数字字符:用于不在计算中使用的文本或文本和数字。例如,产品 ID	最大为 255 个字符
备注	字母数字字符:用于长度超过 255 个字符的文本,或用于使用 RTF 格式的文本。例如,注释、较长的说明和包含粗体或斜体等格式的段落等经常使用"备注"字段	最大为 1 GB 或 2 GB 存储空间

（续表）

数据类型	存　储	大　小
数字	数值（整数或分数值）用于存储要在计算中使用的数字，货币值除外（对货币值数据类型使用"货币"）	1、2、4、8 个字节或 16 个字节
日期/时间	日期和时间：用于存储日期/时间值。存储的每个值都包括日期和时间两部分	8 个字节
货币	货币值：用于存储货币值（货币）	8 个字节
自动编号	添加记录时 Access 2007 自动插入的一个唯一的数值。用于生成可用做主键的唯一值	4 个字节或 16 个字节
是/否	布尔值：用于包含两个可能的值（例如，"是/否"或"真/假"）之一的"真/假"字段	1 字节
OLE 对象	OLE 对象或其他二进制数据：用于存储其他 Microsoft Windows 应用程序中的 OLE 对象	最大为 1GB
附件	图片、图像、二进制文件、Office 文件用于存储数字图像和任意类型的二进制文件的首选数据类型	对于压缩的附件，为 2GB。对于未压缩的附件，大约为 700KB，具体取决于附件的可压缩程度
超链接	用于存储超链接，以通过 URL（统一资源定位器）对网页进行单击访问，或通过 UNC（通用命名约定）格式的名称对文件进行访问	最大为 1GB 或 2GB 存储空间

对于电话号码、部件号和其他不会用于数学计算的数字，用户应该选择"文本"数据类型，而不是"数字"数据类型。对于"文本"和"数字"数据类型，用户可通过设置"字段大小"属性框中的值，更加具体地指定字段大小或数据类型。

3.1.4　实训步骤

建立空的数据库之后，用户即可向数据库中添加对象，其中最基本的对象是表。创建表可以通过设计器来建立，也可以在建立的空数据库中直接建立表。无论是直接建立表或用表设计器创建表，都需要用户在开始菜单"创建"选项卡的"表"组中完成，如图 3 - 2 所示。

用户直接在数据库中创建的表，数据类型和属性是系统自动添加的，有时不符合用户的需求；而用设计器创建的表，数据类型和属性，用户可以根据需要来设置，其选择性比较灵活。

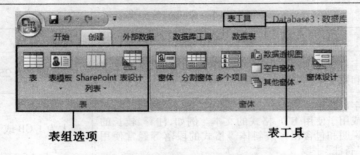

图 3 - 2　"创建"表选项卡

在数据库中,当用户创建一个新表后,系统会自动出现一个"表工具"动态命令标签,位于"数据表"选项卡的上方。在"表工具"动态命令标签中包含有众多有关表操作所用到的命令按钮。

1)直接创建表

(1)用户在"Database1"数据库中创建表,可以在开始菜单"创建"选项卡的"表"组中单击"表"按钮,即可在数据库中创建一个新的表结构,并处于打开状态,如图3-3所示。

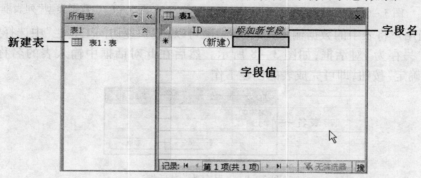

图3-3　新建表窗口

(2)在图3-3所示的表结构中,用户可以双击"添加新字段"列标题,然后在其中输入新的字段名称"学号",如图3-4所示。同时,在"学号"右侧,系统会自动添加一个"添加新字段"列,以帮助用户继续输入新的字段名称。

图3-4　表结构

(3)当用户完成对字段标题的修改后,就可以直接在表字段名的下方输入字段值。当输入字段值后,Access 2007会自动为字段设置数据类型和属性,如图3-5所示。

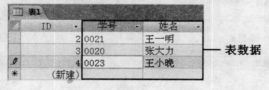

图3-5　创建表数据

如果用户对系统为字段设置的数据类型不是很满意,可以通过鼠标左键单击选择需要修改的字段,如图3-6所示。

在"表工具"动态命令标签"数据表"选项卡的"数据类型和格式"组中,用户可以在数据类型列表框中选择所需要的数据类型,即可完成对字段属性的修改,如图3-7所示。

图 3-6　选择字段

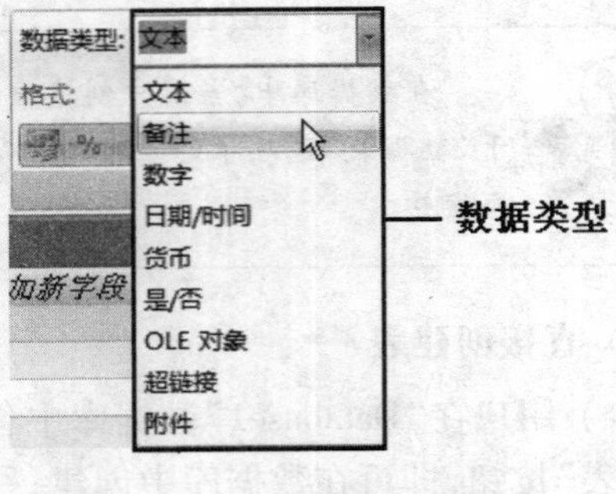

图 3-7　"数据类型"列表框

（4）当用户将表中的数据输入完成以后，就可以在"快速访问工具栏"中选择"保存"按钮，将打开"另存为"对话框，如图 3-8 所示。然后在此对话框中输入表的名称为"学生表"，单击"确定"按钮，即可完成表的创建工作。

图 3-8　"另存为"对话框

2）表设计器创建表

（1）在数据库中直接建立表的方法简单快捷，但也存在缺点。有时字段数据类型不太恰当，字段大小也可能存在冗余，为此，用户就需要在设计视图中修改字段的数据类型和字段属性。如果用表设计器创建表，那么字段的属性和类型就可以直接根据需要设置，可以在开始菜单"创建"选项卡的"表"组中单击"表设计"按钮，即可在数据库中打开如图 3-9 所示的"表设计器窗口"，在数据类型列中列出了所有可用的数据类型。

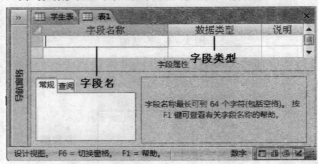

图 3-9　表设计器窗口

（2）在图 3-9 所示的表设计器窗口中，用户可以在"字段名称"列表下输入表所需要的字段，在"数据类型"列中设置字段的类型，如图 3-10 所示。

（3）在表设计器窗口中，用户可以输入所需要的字段，当设置其数据类型后，就可以在"快速访问工具栏"中选择"保存"命令进行保存操作。"学生表"创建后的效果如图 3-11 所示。

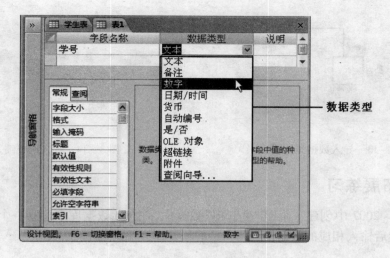

图 3 – 10　修改数据类型列表框

字段名称	数据类型
ID	自动编号
学号	文本
姓名	文本
年龄	数字

图 3 – 11　效果图

　　在表设计器中创建表后,如果用户需要在表中输入数据,可以在 Access 2007 工作窗口的右下角单击"数据表视图"按钮 ,打开数据表视图,这时就可以在表结构中输入相应的数据,如"学生表"的数据表视图如图 3 – 12 所示。

ID	学号	姓名	年龄
2	0021	王一明	19
3	0020	张大力	20
4	0023	王小晚	23
5	002		

图 3 – 12　数据表视图窗口

　　在 Access 2007 中,用户可以从外部导入数据创建表。导入 Excel 表的方法为:在功能区"外部数据"选项卡的"导入"组中单击"Excel"命令按钮,如图 3 – 13 所示。

　　在打开的"获取外部数据"对话框中单击"浏览"按钮,选中导入的数据源文件"成绩表.xls",单击"确定"按钮。

　　在打开的导入向导"请选择合适的工作表或区域"对话框中直接单击"下一步"按钮,并选择第一行包含"列标题"选项。

　　在打开的指定表名称对话框的"导入列表"文本框中输入"成绩表",然后单击"完成"按钮即可,其效果如图 3 – 14 所示。

图 3 – 13　导入数据源选项组　　　　　　图 3 – 14　导入的成绩表

3.1.5　拓展练习

在 Access 2007 中创建一个"学生管理"数据库,并在此数据库中建立一个"学生表"和"成绩表",然后输入相应的数据。

表是数据库主要的操作对象,在使用表时,用户可能会对已有的数据库进行修改,在修改之前,用户应该考虑全面,因为表是数据库的核心,它的修改将会影响到整个数据库。表主要是由字段和记录组成的,所以对表的编辑可以是对字段重命名或隐藏;对记录进行添加、删除或排序操作。需要说明的一点是,如果表正处于打开或正在使用,用户是不能进行修改操作的,所以必须先将其关闭,才能再次编辑。

3.2.1　实训目的

在数据表视图中,用户可以根据字段的大小调整表的行高和列宽,或者是改变字段的前后顺序、隐藏、显示与设置数据的字体格式。本次实训的目的是通过在"Database1"数据库创建的"学生表",学会如何修改表中的数据、调整字段的宽度,排序与筛选记录以及打开与添加表数据的相关知识。

3.2.2　实训任务

为了方便用户以后对数据库的学习,也让用户对表操作有一个更加清晰的认识,在本次实训中,最主要的任务是以创建的"学生表"为中心,完成如何打开、关闭表,如何在表中修改字段的宽度、重命名字段,如何排序等相关操作。

3.2.3　预备知识

1) 打开已存在的表

在数据库中创建表以后,用户可以对不用的表将其关闭,以免占用系统资源。当用户需要重新修改已关闭的表时,需要打开修改的表所在的数据库。在打开数据库界面的导航窗格中,用户可以通过右键单击所要打开的表,从弹出的如图 3 – 15 所示的快捷菜单中选择

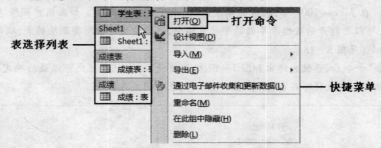

"打开"命令,即可重新修改表中的数据,如图 3 - 16 所示。

图 3 - 15   "打开"表命令列表框

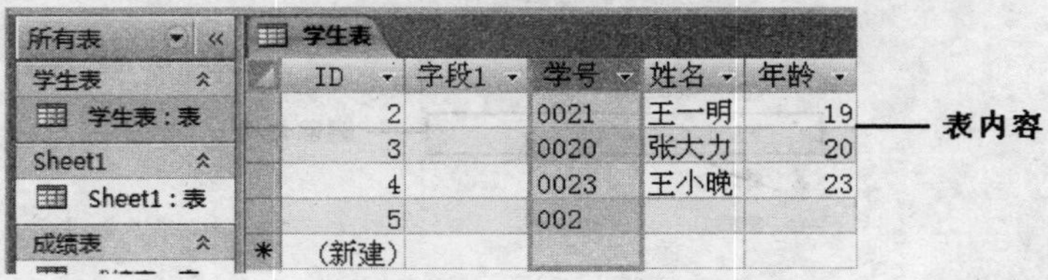

图 3 - 16   修改表内容

当用户在导航窗格中用鼠标右键单击修改的表时,可从弹出的如图 3 - 15 所示的快捷菜单中选择"重命名"命令,将已存在的表重新修改为一个新的名字并进行保存。

2) 关闭已打开的表

在数据库中创建表以后,用户可以对创建的表添加数据,删除字段,也可以将创建的表执行"关闭"操作。关闭已打开的数据表,需要用户用鼠标右键单击此表,从弹出的如图 3 - 17 所示的快捷菜单中选择"关闭"命令即可。

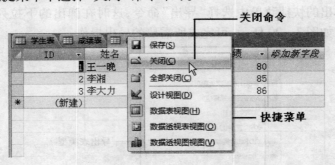

图 3 - 17   "关闭"表命令列表框

当用户在执行关闭表操作时,可以选择"关闭"命令,将关闭当前选中的表;如果选择"全部关闭"命令,将关闭当前数据库中打开的所有表。

小资料　在 Access 2007 中,执行关闭表操作,并不是将表删除。如果用户删除不需要再使用的表,可以在打开的数据库界面的导航窗格中,通过右键单击所要删除的表,从弹出的快捷菜单中选择"删除"命令(见图 3 - 18)。

当选择"删除"命令后,系统会弹出如图 3 - 19 所示的提示对话框,用户可以最后确定是否删除,如果选择"是",则所要删除的表将不存在;如果选择"否",则表将仍然存在。

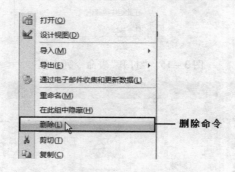

图 3 - 18　"删除"表命令列表框

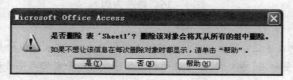

图 3 - 19　系统提示对话框

3) 导出已存在的表

在实际操作过程中,有时需要将 Access 表中的数据转换成其他文件格式进行保存,如文本文件(.txt)、Excel 文档(.xls)、HTML 文件(.html)等。用户可以通过鼠标右键单击需要导出的表,从弹出的快捷菜单中选择"导出"命令,这时在弹出的下拉列表中选择所需要导出的文件类型,如图 3 - 20 所示,可完成所需要的导出操作。

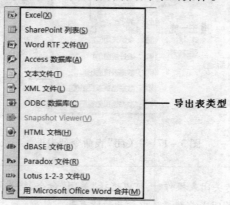

图 3 - 20　"导出表类型"列表框

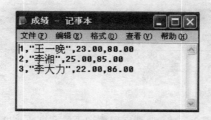

在 Access 2007 中,右键单击"成绩表",在弹出的下拉列表中选择"导出"/"文本文件"命令。

在打开的"导出"对话框中,单击"浏览"按钮,选择导出的数据所保存的位置,然后按照导出向导的提示,直接单击"下一步"按钮,最后单击"完成"按钮即可完成所需要的操作,其效果如图 3-21 所示。

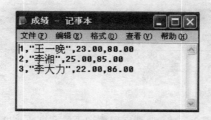

图 3-21 导出"成绩表"效果图

4)保存 Access 2007 表

对表进行编辑操作后,用户可以通过单击"Office 按钮" /"保存" 命令,或者用鼠标右键单击所要保存的表,从弹出的快捷菜单中选择"保存"命令(见图 3-22),即可对编辑的表进行保存操作,并防止信息的丢失。

图 3-22 "保存"表列表框

3.2.4 实训步骤

(1)打开创建的"学生表",在"姓名"字段前插入"性别"字段,需要用户先右键单击"姓名"字段,然后从弹出的快捷菜单中选择"插入列"命令,这时"姓名"字段前面就会增加一列,用户就可以输入"性别"字段,并在其下输入相应的数据,效果如图 3-23 所示。

ID	字段1	学号	性别	姓名	年龄
2		0021	黑	王一明	19
3		0020		张大力	20
4		0023	插入字段	王小晚	23
5		002			
(新建)					

图 3-23 插入性别字段

(2)在"学生表"中,用户可以将鼠标放在字段与字段或者记录与记录之间的分隔线上,这时鼠标会变为左右或者上下移动的箭头,然后就可以用鼠标拖动这个箭头上下或左右移动,即可改变字段的宽度和记录的高度,如图 3 - 24 所示。

图 3 - 24　改变字段或记录的宽度或高度

(3) 在"学生表"中,用户可以对"ID"字段进行隐藏,其方法为:用鼠标右键单击"ID"字段,从弹出的快捷菜单中选择"隐藏列"命令即可,如图 3 - 25 所示。

图 3 - 25　"隐藏列"命令

对于隐藏的列,用户如果需要再次显示,可以用鼠标右键单击任意选中的一个字段,然后从弹出的快捷菜单中选择"取消隐藏列"命令,将弹出如图 3 - 26 所示的"取消隐藏列"对话框,在此对话框中将隐藏的字段重新选上,即可显示在表中。

(4) 如果表中的字段较多,屏幕宽度的限制无法在窗口上显示所有的字段,而用户又希望有的列留在窗口上,就可以使用冻结列命令实现。用户可以右键单击所要冻结的列,如"成绩表"中的"编号"字段,从弹出的快捷菜单中选择"冻结列"命令即可,如图 3 - 27 所示。

冻结列和删除字段是不一样的,虽然操作方法都是通过选中所要操作的列,然后通过鼠标右键单击,从弹出的快捷菜单中选择"冻结列"或"删除列"命令来实现。但冻结列是将字段显示在表中,而删除列则是将字段从表中删除。

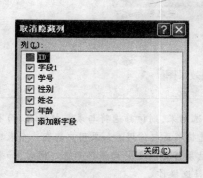

图 3－26 “取消隐藏列”对话框

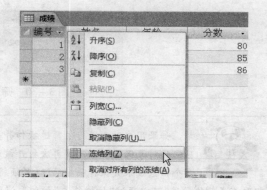

图 3－27 “冻结列”命令

（5）在“学生表”中，年龄字段中的数据有大有小，不方便用户的管理，用户可以通过系统提供的字段排序功能来管理表中的数据。对字段排序操作，用户可以通过右键单击所要排序的列，如“年龄”字段，从弹出的快捷菜单中选择“升序”或“降序”命令，即可将年龄字段按照从大到小或是从小到大的顺序进行排序，其最终效果如图 3－28 所示。

学生表

ID	字段1	学号	性别	姓名	年龄
5		002			
2		0021	男	王一明	19
3		0020	男	张大力	20
4		0023	女	王小晚	23

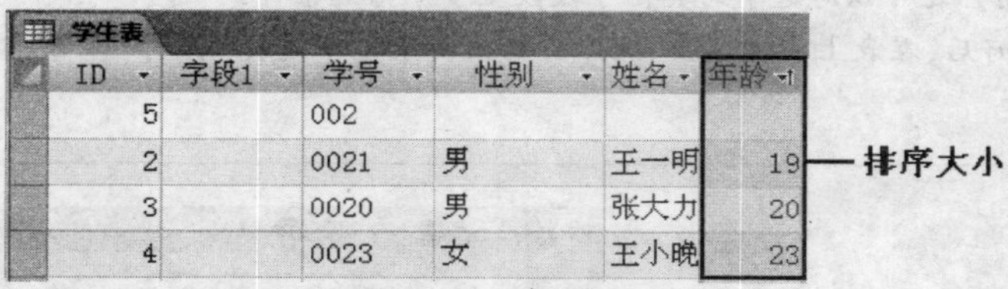

图 3－28 排序“年龄”字段

（6）在表中查找一个或多个符合特定条件的记录，用户就可以用筛选功能将数据的范围局限在特定的记录上。在“学生表”中，筛选“年龄”为 20 的学生记录，可以通过“开始”选项卡“排序与筛选组”中的“筛选器”按钮，将打开如图 3－29 所示的“条件”选择列表，从中选中“20”，然后单击“确定”按钮，即可完成所需要的操作，其最终效果如果 3－30 所示。

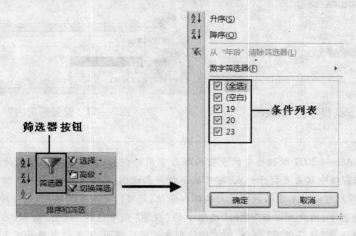

图 3－29 筛选数据列表框

学生表					
ID ・	字段1 ・	学号 ・	性别 ・	姓名・	年龄 ▼
3		0020	男	张大力	20
* (新建)					

图 3 - 30　筛选学生表效果图

如果用户对表进行了筛选操作并查看了筛选结果,则该筛选将与表一起保存,而不作为独立的对象保存。当用户再次打开该表时,筛选将不再起作用。如果用户想在一个表中使用多个筛选或永久保存一个筛选,必须将筛选的结果作为一个查询保存起来。同时,如果用户想取消或删除筛选,可以通过"切换筛选"按钮取消所创建的筛选操作。

当对表中的数据执行筛选操作时,如果遇到较复杂的筛选,用户可以考虑用"高级筛选"功能。打开需要创建"高级筛选"的表的"数据表视图",在"开始"选项卡的"排序和筛选"组中选择"高级"命令,打开如图 3 - 31 所示的列表框,从中选择"高级筛选/排序"命令。

在打开的如图 3 - 32 所示的"高级筛选"窗口中,设置筛选的条件,如"成绩表"中的"年龄"字段进行"升序"排序。同时,用户还可以对选中的其他字段设置多个筛选条件。

当筛选条件设置好后,在表上右键单击,从弹出的快捷菜单中选择"保存"命令,对设置的筛选条件进行保存操作。

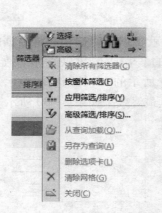

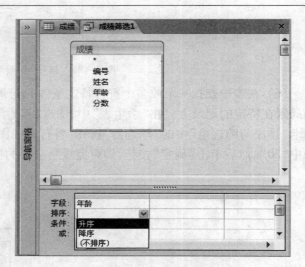

图 3 - 31　"设置高级筛选"列表框　　　　图 3 - 32　设置筛选内容

Access 2007 数据库中的表有两种最常用的视图:数据表视图和设计视图。在数据库的导航窗格中双击要打开的表,即可显示数据表视图,其效果如图 3 - 33 所示。在数据表视图中,用户可以对表中的数据进行编辑和修改,还可以更改表的格式,进行排序和筛选等操作。

在表打开的情况下,用户可以在"开始"选项卡的"视图"组中选择"视图"按钮,在打开的如图 3 - 34 所示的下拉列表中选择"设计视图"命令,即可切换到表的设计视图,其最终效果如图 3 - 35 所示。

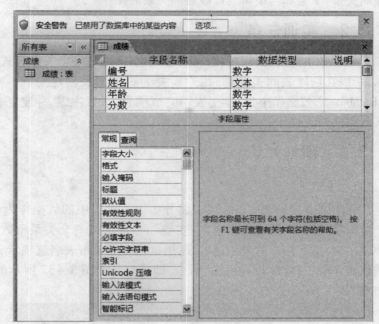

图 3-33　数据表视图效果图

图 3-34　表设计视图列表

图 3-35　数据表设计视图效果图

3.2.5　拓展练习

创建"成绩表",对"成绩表"中的"总分"字段按"升序"排序,并查找成绩在 60 分以上的学生记录。

3.3　建立表间关系

关系型数据库是采用关系模型作为数据组织方式的数据库,一个关系就是一个二维表。在庞大的数据库中,一般包含有多个表,每个表之间的联系都只能在建立关系的基础上才能相互产生作用。如果用户需要建立表与表之间的关系,则要用到主键和索引的相关设置。为了更加方便地管理数据库,实现所需要的各种操作,就需要学习建立表间关系的相关知识。

3.3.1 实训目的

一个数据库中可能会有多个表,如果用户需要从几个不同的表中获取数据,则需要确定表之间的联系。表之间的联系实际上是实体间关系的反映,实体之间的联系通常有三种,即一对一、一对多与多对多。此次实训的目的是通过在数据库中为"成绩表"和"学生表"创建表间关系,学会如何编辑与修改表间关系的操作。

3.3.2 实训任务

关系必须规范化,规范化是指关系模型中的每一个关系模式都必须符合关系的基本要求,所以在创建表间关系前,用户需要为相关的表创建主键。本次实训的主要任务是在"Database1"数据库中为"学生表"和"成绩表"设置主键,并建立表间关系,实现修改表中关联数据的修改操作。

3.3.3 预备知识

1) 主键

在中文 Access 2007 中,可以将分布于不同表中的数据作为一个"库"来管理。建立一个数据信息库,需要为各表建立"主键",从而形成一个关系型数据库系统。为表中的字段建立主键,需要用户打开创建的表,用鼠标右键单击表名选项卡,从弹出的如图 3 – 36 所示的快捷菜单中选择"设计视图"命令,即可打开如图 3 – 37 所示的效果,并且在功能区中将出现"表工具"动态命令标签。

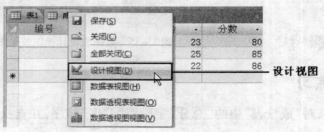

图 3 – 36 "设计视图"命令列表框

图 3 – 37 表设计视图

选择需要设置主键的字段,在如图 3 – 38 所示的"表工具"动态命令标签"设计"选项卡的"工具"组中选择"主键"命令按钮,即可将选中的字段设置为主键,其效果如图 3 – 39 所示。

图 3-38 "表工具"选项组

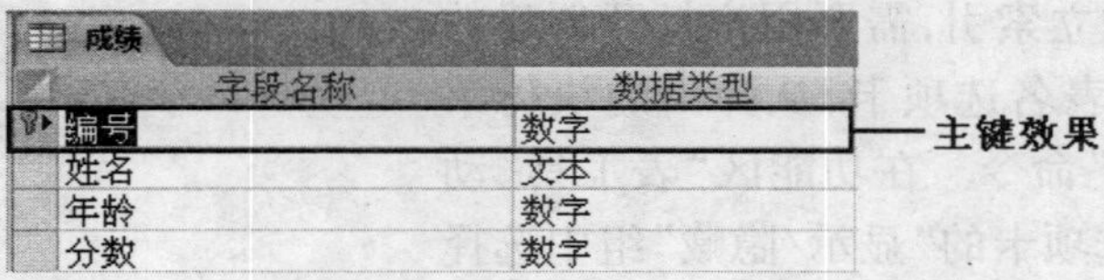

图 3-39 设置主键效果图

每个表一般都有一个字段被设置为主键,如果需要对表中的多个字段设置主键,这时需要选择设置主键的第一个字段,然后按下【Ctrl】键,再依次单击其他需要设置成为主键的字段,右键单击鼠标,从弹出的如图 3-40 所示的列表中选择"主键"命令,即可将选中的多个字段全部设置为主键效果,如图 3-41 所示。

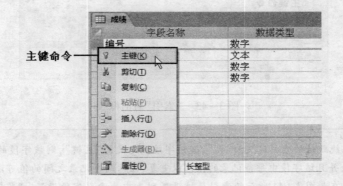

图 3-40 设置主键列表

图 3-41 设置多字段主键效果图

用户对表中的字段设置了主键效果,如果需要取消该字段的主键,可以打开该表的"设计视图",将光标移动到需要删除主键的字段上,用鼠标右键单击此字段,从弹出的快捷菜单中选择"主键"命令(见图 3-42),即可删除字段设置的主键效果。

2）索引

索引是表中的一个重要知识，当我们建立一个大型的数据库时候，就会发现通过查询在表中检索一个数据信息很慢。当对表中的字段建立索引后，可以显著地加快查找和排序操作以及对字段的查找速度。

为表中的字段建立索引，需要用户打开创建的表，用鼠标右键单击表名选项卡，从弹出的快捷菜单中选择"设计视图"命令。在功能区"表工具"动态命令标签"设计"选项卡的"显示/隐藏"组中选择"索引"命令按钮，即可弹出如图 3 - 43 所示"索引"对话框。在此对话框中，用户可以查看所有索引字段的清单以及设置索引的类型等选项。

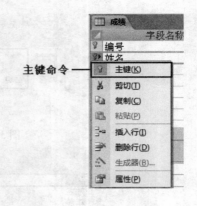

图 3 - 42　"删除"主键命令列表框

图 3 - 43　"索引"对话框

　系统默认的索引定义为"无"，若该字段被定义为"主键"，则该字段的索引属性为有（有重复），并且该字段中每条记录的值可以重复，任意两个记录之间的值可以相同。同时，用户也可以在如图 3 - 44 所示的索引属性设置列表中为索引字段设置"无"索引，则该字段将不被索引；也可以设置"有（无重复）"索引，则该字段将被索引。但是该字段里每条记录的值必须唯一，任意两条记录之间的值不能相同。

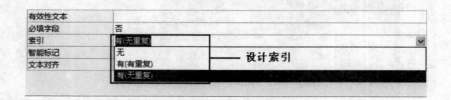

图 3 - 44　索引属性设置列表

3）表关系类型

在同一数据库的不同表之间，存在着各种各样的关系，我们将其称为表关系。通过表关系，可以建立在同一数据库里表与表之间的联系，使数据库里的表不再是单一的，从而增强数据库里表的功能。

　　当对数据库中的表设置关系后,处于表关系里的每个表之间是互相影响的,当某个表发生变化时,另一个或多个表中的数据也相应地发生变化。例如,将图 3-45 和图 3-46 中的数据进行表关系设置。

编号	姓名	年龄	分数
3	李大力	22	86
2	李湘	25	85
4	李云	24	85
1	王一晓	23	80
*			

图 3-45　成绩表

成绩	学生	关系
学号	姓名	年龄
001	李大力	22
002	王一晓	23
003	李湘	25
004	王一帐	22
*		

图 3-46　学生表

　　(1)一对一关系。在两个表中,表 A 中的每个记录最多只能与表 B 中的每个记录有且仅有一个相匹配,反之亦然,也就是说表 B 中的每个记录和表 A 中的每个记录也只有一个相匹配,这种关系就是一对一关系,如图 3-46 所示。当两个相关联的表都是主键或都具有唯一约束时,将创建一对一关系。这种关系不常见,因为以这种方式相关的多数信息都在一个表中。

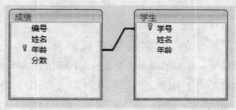

图 3-47　一对一关系

　　(2)一对多关系。在两个表中,父表 A 中的某个记录和子表 B 中的多个记录相互匹配,但是子表 B 中的每个记录和父表 A 中的记录只能有一个相互匹配,这种关系就是一对多关系,如图 3-48 所示。

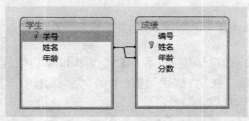

图 3-48　一对多关系

　　(3)多对一关系。在两个表中,父表 A 中的多个记录和子表 B 中的一个记录相互匹配,但是父表 A 中的某个记录只能对应子表 B 中的一条记录,这种关系就是多对一关系,如图 3-49 所示。

　　(4)多对多关系。在两个表中,父表 A 中的多个记录和子表 B 中的一个记录相互匹配,同时,子表 B 中的多个记录也能和父表 A 中的一个记录相互匹配,这种关系就是多对多关系,如图 3-50 所示。

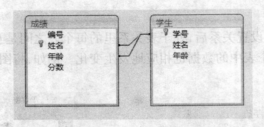

图 3-49　多对一关系

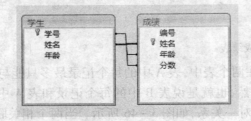

图 3-50　多对多关系

3.3.4　实训步骤

（1）对"Database1"数据库中的"学生表"和"成绩表"建立关系,需要用户单击"开始"按钮,选择"所有程序"/"Microsoft Office"/"Microsoft Office Access 2007"命令,以启动 Access 2007,并进入 Access 2007 的工作界面。当用户进入工作界面后,需要打开建立表关系的数据库和表,如图 3-51 和图 3-52 所示。

图 3-51　成线表　　　　　　　　　　　　　　　图 3-52　学生表

（2）打开需要创建关系的"学生表"和"成绩表"后,在功能区中将出现"表工具"动态命令标签,如图 3-53 所示。在"数据表"选项卡的"关系"组中选择"关系"选项,将打开如图 3-54 所示的"显示表"对话框。

 当用户在关系组中选择"关系"选项后,原来的"数据表"选项卡将自动变为"设计"选项卡,其效果如图 3-55 所示。在此选项卡中包含了有关表关系编辑的相关操作命令。

（3）在"显示表"对话框中选择"成绩",单击下方的"添加"命令,即可将"成绩表"添加到"关系"窗口中,按照相同的方法,将"学生表"也添加到关系窗口中,其效果如图 3-56 所示。

关系命令

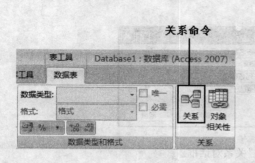

图 3 - 53　"表工具"选项组

图 3 - 54　"显示表"对话框

图 3 - 55　表关系"设计"选项卡

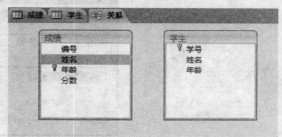

图 3 - 56　在关系窗口中添加表对象

　　在关系窗口中,对于添加的表,如果需要将其执行隐藏表操作,可以在要隐藏的表里,用鼠标右键单击,在弹出的如图 3 - 57 所示的快捷菜单中选择"隐藏表"命令,或者选中要隐藏的表,在功能区中直接单击"隐藏表"图标 即可。

　　(4) 在关系窗口中,单击功能区"设计"选项卡"工具"组中的"编辑关系"按钮 ,或者在"关系窗口"中双击鼠标左键,将打开如图 3 - 58 所示的"编辑关系"对话框。在此对话框中单击"新建"按钮,将打开"新建"对话框,用户可以设置相应的字段选项。

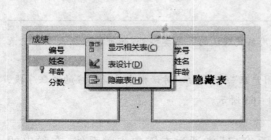

图 3 - 57　"隐藏表"列表框

图 3 - 58　"编辑关系"对话框

（5）在如图 3-59 所示的"新建"对话框中，用户可以在"左表名称"或"右表名称"列表中选择建立关系所需要的表，在"左列名称"或"右列名称"列表中选择所需要的字段名，单击"确定"按钮。"编辑关系"对话框中的内容将发生改变，其效果如图 3-60 所示，最后单击"创建"命令，即可完成表关系的创建操作。

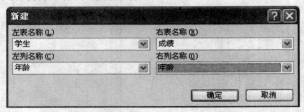

图 3-59 "新建"关系对话框

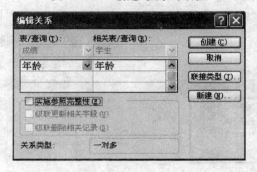

图 3-60 "编辑关系"对话框

（6）当用户在"编辑关系"对话框中设置了相应的关系后，在此对话框的关系类型中将显示关系的类型，如"一对多"关系，其最终的效果如图 3-61 所示。

图 3-61 创建一对多关系效果图

在"编辑关系"对话框中，除了可以使用系统默认的关系类型外，还可以根据表中各记录之间的联系，建立其他类型的关系。

为"学生表"和"成绩表"建立"一对一关系"，需要用户在"编辑关系"对话框中选择相应的关联字段，其效果如图 3-62 所示。设置完成后的最终效果如图 3-63 所示。

（7）对于创建好的表关系，用户可以在"关系窗口"中通过右键单击关系线，在弹出的如图 3-64 所示的快捷菜单中选择"编辑关系"命令，将重新进入"编辑关系"对话框，并对关系进行修改。同时，用户也可以在此快捷菜单中选择"删除"命令，将弹出系统提示对话框(见图3-65),询问用户是否要将表关系删除,单击"是"按钮后,表关系将被解除。

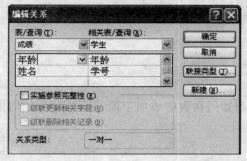

图3-62 "编辑关系"对话框

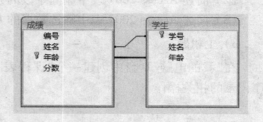

图3-63 一对一关系效果图

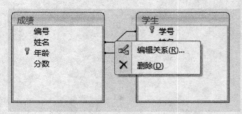

图3-64 "编辑关系"列表框

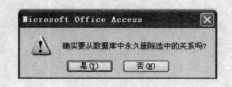

图3-65 系统提示对话框

3.3.5 拓展练习

创建"学生管理"数据库,为数据库中的"学生表"和"成绩表"根据"学号"字段创建表间一对多关系。

3.4 本章小结

本章主要介绍了 Access 2007 有关表的创建、打开、关闭、删除、导入与导出操作,同时还介绍了一些在表中如何修改数据、添加或删除字段,排序或筛选记录的相关知识。通过本章的学习,读者将对 Access 2007 表的相关操作有个比较概略的认识。

1) 填空题

(1) Access 2007 中表的创建主要通过_____实现。

(2) Access 2007 中的排序分为_____和_____。

(3) Access 2007 中筛选数据是在_____选项卡下执行。

2）简答题

（1）简述 Access 2007 用表设计器创建表的方法。

（2）简述 Access 2007 表中删除字段的方法。

（3）简述 Access 2007 表中筛选数据的方法。

3）上机题

在"我的电脑"D 盘中创建一个"课程表"，练习如何在表中添加字段、隐藏字段，如何排序记录的相关操作。

第4章
查询设计

本章重点

▲ 查询的创建操作

▲ 设置查询的条件

▲ 创建特殊类型的查询

▲ SQL查询

数据库设计的主要目的是用来存储和提取信息，而查询是Access 2007数据库处理和分析数据的工具，它能够把多个表中的数据抽取出来，供用户查看、更改和分析使用。查询可以对数据表中的数据进行查找、排序、统计、计算、修改，还可以按照指定的规格过滤出符合条件的记录，并将数据经过运算而列出相关信息。

在 Access 2007 数据库中，查询可以在指定的一个或多个表中根据给定的条件从中筛选所需要的信息，供使用者查看、更改和分析使用。通过查询筛选出来的符合条件的记录，将构成一个新的数据集合。在查询中，用户从中获取数据的表或查询成为该查询的数据源，查询的结果也可以作为数据库中其他对象的数据源。

4.1.1 实训目的

查询就是向数据库提出询问，并要求数据库按给定的要求（条件、范围以及方式等）从指定的数据源中查找，提取指定的字段，返回一个新的数据集合，这个数据集合就是查询的结果。对于数据库来说，最主要的功能就是对数据的管理，有了查询，用户就可以很方便地对数据进行操作。本次实训的主要目的是通过对"Database1"数据库中的"系表"和"专业表"来创建查询对象，要求用户学会根据条件，查找指定记录的操作。

4.1.2 实训任务

查询可以按照用户的需要，将一个表或多个表中的一个或多个字段的记录经查询后储存在另一张表里并显示出来，这样用户就可以通过查询，在多张不同的表中快速找到需要的数据，以节省时间，提高工作效率。在创建查询时，用户可以利用表向导创建查询，这种方式只需要用户按照向导的提示就可以完成；另一种创建查询的方法是利用查询设计器，用此方法创建的查询，可以根据用户的要求查找出符合多种条件的结果，同时用户还可以对查询的条件进行任意的设置。本次实训的任务是要求用户根据"系表"和"专业表"来建立查询，特别是利用查询设计器创建查询以及如何修改查询的条件等操作。

4.1.3 预备知识

查询是对数据库表中的数据进行查找，同时产生一个类似于表的结果。在 Access 2007 中，用户可以在功能区"创建"选项卡的"其他"组中方便地创建查询，如图 4 - 1 所示。在创建查询的过程中，用户可以定义要查询的内容和条件，Access 2007 会根据定义的内容和条件在数据库表中搜索符合规格的记录。

图 4 - 1　创建查询组

1）查询的功能

（1）选择字段。在查询中，用户可以只选择表中的部分字段建立一个查询，如显示"教师表"中每名教师的姓名、性别、工作时间和系别字段等。利用查询这一功能，用户可以通过一个表中的不同字段生成多个表中的数据。

（2）选择记录。查询的另一个功能是根据指定的条件查找所需的记录，并显示找到的记录，如建立一个查询，只显示"教师表"中"1992 年参加工作的男教师"的记录。

（3）编辑记录。编辑记录主要包括添加记录、修改记录和删除记录等。在 Access 中，用户可以在查询中添加、修改和删除表中记录，如将"计算机应用软件"不及格的学生从"学生表"中删除。

（4）实现计算。查询不仅可以找到满足条件的记录，而且还可以在建立查询的过程中进行各种统计工作，如计算学生"课程表"中每名学生的平均成绩。另外，用户还可以建立一个计算字段，利用计算字段保存计算的结果。

（5）建立新表。利用查询得到的结果可以建立一个新表，如在"计算机应用软件表"中查找"语文成绩在 90 分以上"的学生，并存放在一个新表中。

（6）建立基于查询的报表和窗体。为了从一个或多个表中选择合适的数据显示在报表或窗体中，用户可以先建立一个查询，然后将该查询的结果作为报表或窗体的数据源。当用户每次打印报表或打开窗体时，查询就从它的基表中检索出符合条件的最新记录，这样就提高了报表或窗体的使用效果。

2）查询的种类

Access 数据库中的查询有很多种，每种方式在执行上都有所不同，查询有选择查询、交叉表查询、参数查询、操作查询和 SQL 查询。

（1）选择查询。选择查询是最常用的查询类型，顾名思义，是根据指定的查询条件，从一个或多个表中获取数据并显示结果。用户可以使用选择查询对记录进行分组，并且对记录进行总计、计数、求平均值以及其他类型的计算。

（2）交叉表查询。交叉表查询是把来源于某个表中的字段进行分组，一组列在数据表的左侧，另一组列在数据表的上部，然后在数据表行与列的交叉处显示表中某个字段的统计值。交叉表查询是利用表中的行和列来统计数据的。

（3）参数查询。参数查询是一种利用对话框来提示用户输入条件的查询。参数查询可以根据用户输入的条件，在数据库表中检索符合相应规格的记录。

（4）操作查询。操作查询与选择查询相似，都是由用户指定查找记录的条件，但选择查询是检查符合特定条件的一组记录，而操作查询是在查询操作中对所得的结果进行编辑。

4.1.4 实训步骤

在 Access 2007 中，将数据库中不同功能的组件提取出来，就可以形成表、查询、窗体、报表、宏、模块对象。当用户建立空的数据库之后，即可向数据库中添加对象，利用这六个对象，可以实现数据库的建立、数据的录入、查询、界面设计和打印等操作。

1）使用向导创建查询

（1）利用查询向导创建查询需要用户打开已建立的数据库对象，进入数据表视图，在

"创建"选项卡的"其他"组中选择"查询向导"命令,即可打开如图4-2所示的"新建查询"对话框,从中选择"简单查询向导"命令,最后单击"确定"按钮即可。

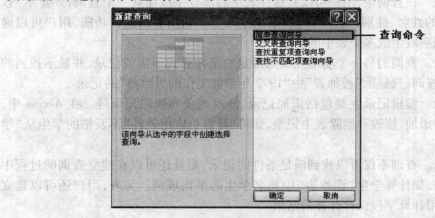

图4-2 "新建查询"对话框

（2）当用户选择"简单查询向导"单击"确定"按钮后,将打开如图4-3所示的"简单查询向导"对话框。在此对话框的可用字段列表中列出了当前被查询的表或查询中的所有字段,在"选定字段"列表中列出了当前需要显示的字段。当用户选择可用字段列表中的字段后,单击添加按钮 ，将可用的字段加入到选定字段列表中,用以在查询窗口中显示。

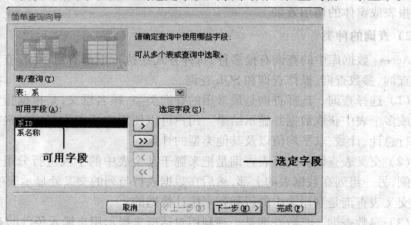

图4-3 "简单查询向导"对话框

（3）当用户选择字段后,单击"下一步"按钮,在弹出的对话框中选择"明细查询",单击"下一步"按钮,将打开如图4-4所示的对话框,要求用户指定查询的标题名称。在选择是"打开查询查看信息"还是"修改查询设计"中,用户可以选择"打开查询查看信息"前面的按钮,单击"完成"按钮,即可完成简单查询的创建操作。

在图4-4所示的"为查询指定标题"对话框中,用户还可以在查询内容中选中"修改查询设计"前面的单击按钮,然后单击"完成"按钮。数据库表窗口将显示"查询设计"视图窗口,用户可在此窗口里修改查询设计。

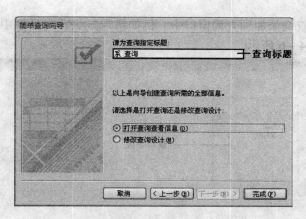

图4-4 "为查询指定标题"对话框

2) 使用设计器创建查询

（1）利用查询设计器创建查询,用户可将查询结果存储在另一张表或查询中。查询设计器可将需要的数据表添加到查询窗口中,还可以将表的字段拖到查询的字段里。使用设计器创建查询,需要用户在"创建"选项卡的"其他"组中选择"查询设计"命令,即可打开如图4-5所示的"查询设计"视图窗口。

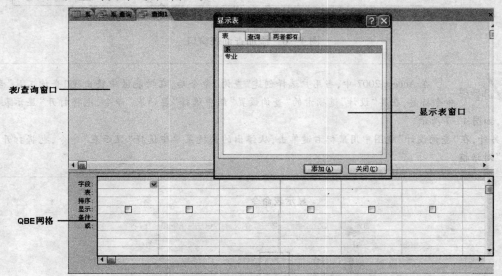

图4-5 查询设计视图窗口

"查询设计"视图分成两部分,上部分为"表/查询"窗口,下部分为"QBE 网格"。在"查询设计"视图中,用户可以直接单击 QBE 网格里的字段,即可将需要的字段添加到查询显示结果中。

（2）在"查询设计"视图的"显示表"对话框中,列出了该数据库里所有的表和查询。用户只需要在相应的表或查询选项卡下,用鼠标单击选择需要的表,单击"添加"按钮后关闭对话框,即可将表或查询添加到查询窗口中。例如将"显示表"对话框中的"系表"添加到设计窗口中,效果如图 4-6 所示。

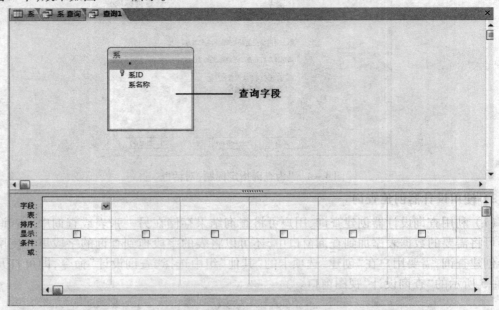

图 4-6 添加查询表窗口

在 Access 2007 中,当用户选择创建"查询"命令后,在功能区中将出现"查询工具"动态命令标签,在其"设计"选项卡的"查询设置"组中选择"显示表"命令,也将打开"显示表"对话框,如图 4-7 所示。

另外,在"查询设计"视图中用鼠标右键单击,从弹出的快捷菜单中选择"显示表"命令,也将打开"显示表"对话框。

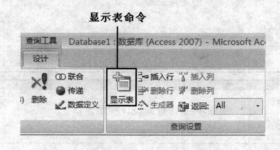

图 4-7 查询设置选项组

(3) 在"查询设计"视图中,用鼠标双击需要在查询中显示的字段,或直接在 QBE 网格中单击方框右边的下拉框,从弹出的列表中选择需要的字段,如图 4-8 所示。操作完成后,系统将根据用户的选择生成相应的表或查询。

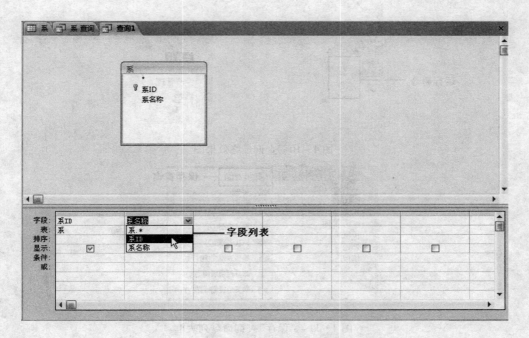

图4-8　在查询中添加字段列表

　在图4-8所示的"查询设计"视图的 QBE 网格里,用户除了可以选择要显示的字段外,还可以对选择的字段进行排序操作。单击需要排序的字段,选择字段右边的下拉列表按钮,从弹出的如图4-9所示的列表中选择排序的方式。

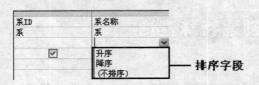

图4-9　设置查询字段的排序方式

　在图4-8所示的"查询设计"视图 QBE 网格里,显示行中的复选框若被选上,则该字段将显示在查询的结果表里,若未被选中,则该字段将不被显示。

（4）在利用"查询设计"视图完成查询的创建操作后,用户可通过功能区"设计"选择卡的"结果"组中的"运行"命令,查看如图4-10所示的显示效果。

　　在 Access 2007 中,当用户对"系表"进行了创建查询操作后,用户可以用鼠标右键单击创建的"查询1"选项卡,从弹出的如图4-11所示的快捷菜单中选择"保存"命令,将创建的查询对象进行保存。同时,还可以在相同的菜单下,对创建的查询对象执行"关闭"操作。

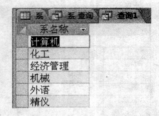

图 4 – 10　查询最终效果图

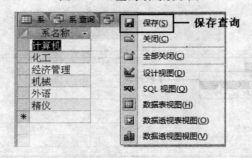

图 4 – 11　"保存"查询命令列表框

4.1.5　拓展练习

　　在 Access 2007 中有一个"学生管理"数据库,在此数据库中查找"学生表"中学号为"0012"的记录。

4.2　创建特殊查询

　　在 Access 2007 数据库中,利用查询向导创建的查询一般只能实现简单的操作,对于多条件的查询则很难直接用向导来创建。为了查找到满足自定义条件的查询,或者是多条件的查询,用户就需要利用 Access 提供的特殊查询来完成。Access 为用户提供的特殊类型的查询主要有交叉表查询、参数查询和查找重复项查询等。

4.2.1　实训目的

　　利用查询,用户可以简单地从单个数据表中提取符合一定条件的记录,也可以从多个数据表中提取满足一定关系条件的记录,并按照一定的顺序输出查询结果。Access 2007 为用户提供了可以支持多种不同类型的查询。利用这些查询,用户可以根据需要来设置相应的条件,并查看相关的结果。本次实训的目的是通过"系表"和"专业表"来创建特殊查询,要求用户学会创建特殊查询的方法。

4.2.2　实训任务

　　在 Access 2007 数据库中,为用户提供的参数查询可以帮助用户在查询过程中自动修改查询结果;交叉表查询则可以显示来源于表中某个字段的总计值;查找重复项查询则可以帮助用户查找到数据库表中满足特定条件下的重复记录。本次实训的主要任务是要求用户根据"系表"和"专业表"来创建重复项、交叉等查询的操作。

4.2.3　预备知识

在 Access 2007 数据库中,选择查询命令后,在功能区中将出现"查询工具"动态命令标签,在此标签的"设计"选项卡中显示了有关查询的大部分操作,如图 4 - 12 所示。当用户选择"查询向导"命令创建查询后,在打开的如图 4 - 13 所示的"新建查询"对话框中,用户除了可以创建简单的查询操作外,还可以创建特殊类型的查询,如交叉表查询、查找重复项查询和查找不匹配项查询。

图 4 - 12　查询设置选项组

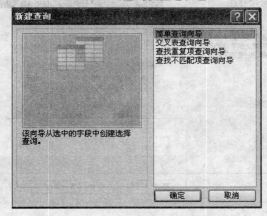

图 4 - 13　"新建查询"对话框

4.2.4　实训步骤

1) 创建交叉表查询

(1) 利用查询向导创建交叉表查询,需要用户打开已建立的数据库文件,进入数据表视图,在"创建"选项卡的"其他"组中选择"查询向导"命令,即可打开如图 4 - 14 所示的"新建查询"对话框,从中选择"交叉表查询向导"命令,最后单击"确定"按钮即可。

交叉表查询可以使用向导创建,也可以在查询视图中进行创建,其显示来源于表中某个字段的总结值,可以是此字段的总计、计数以及平均值。交叉表查询可将查询字段进行分组,一组列在数据表的左侧,另一组列在数据表的上部,在数据表交叉的位置上显示字段的值。

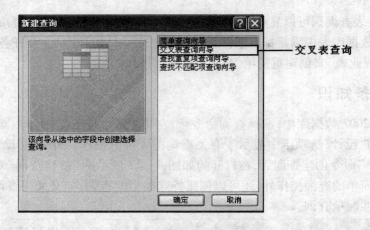

图 4 - 14　创建交叉表查询

（2）当用户选择"交叉表查询向导"单击"确定"按钮后,将打开如图 4 - 15 所示的"交叉表查询向导"对话框。在此对话框中,用户可以选择在交叉表查询结果中可用的字段,单击"下一步"按钮,将打开"交叉表查询可用字段"对话框。

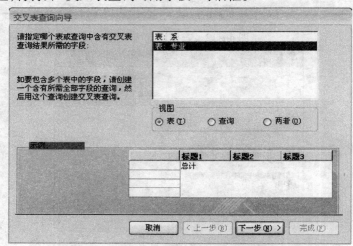

图 4 - 15　"交叉表查询向导"对话框

（3）在交叉表查询"可用字段"栏的"可用字段"列表中,用户选择要显示的字段,单击添加按钮 ，将可用的字段加入到"选定字段"栏中,作为行标题在查询窗口中显示（见图 4 - 16）,单击"下一步"按钮。

（4）当用户选择行字段后,单击"下一步"按钮,将打开如图 4 - 17 所示的对话框,要求用户指定查询的列标题字段名称,且只能选择一个字段,该字段不能包含被设置为行标题的字段。设置完成后单击"下一步"按钮。

（5）在打开的如图 4 - 18 所示的"交叉表查询向导"对话框中,用户可以设置每个列和每个行的交叉点,计算出该字段的值。在此窗口中,用户可以选择字段需要的计算方式,并使被设置的字段以交叉的形式出现在交叉表里。

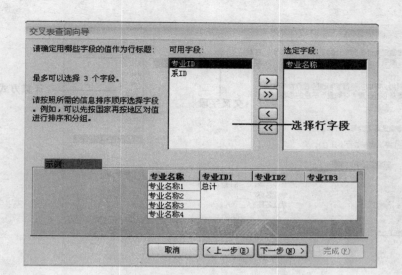

图 4 – 16　设置交叉表查询行标题

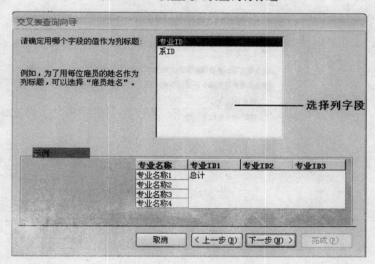

图 4 – 17　设置交叉表查询列标题

在图 4 – 18 所示的窗口中有两个列表框,左边的"字段"列表框列出了表的字段名称,右边的"函数"列表框中列出"字段"列表框指定的字段所对应的计算函数。

　　(6) 当用户选择字段后,单击"下一步"按钮,将打开如图 4 – 19 所示的对话框,要求用户指定查询的标题名称。在选择是"查看查询"还是"修改设计"中,用户可以选择"查看查询"前面的按钮,然后单击"完成"命令,即可完成所创建的简单查询操作,查询后的结果如图 4 – 20 所示。

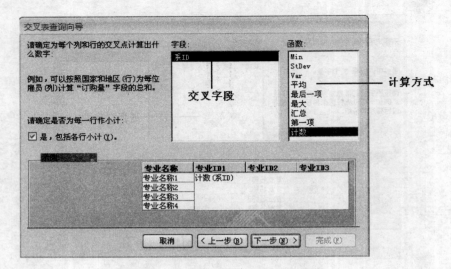

图 4 – 18　设置交叉表查询字段的计算方式

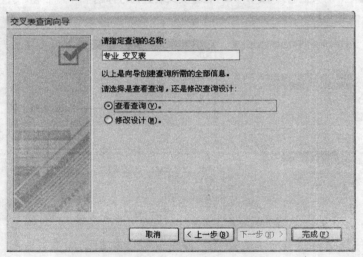

图 4 – 19　设置交叉表查询标题

专业名称	总计 系ID	1	2	3	4	5	6	7	8	9	10	11	12
财务会计	1							1					
工商管理	1						1						
机械工程	1									1			
计算机可行与	1		1										
计算机软件	1	1											
经济管理	1					1							
精密仪表	1												1
精细化工	1				1								
日语	1											1	
市场营销	1								1				
英语	1										1		
自动化处理	1			1									

图 4 – 20　交叉表查询最终效果图

当用户利用查询设计器创建交叉表查询时，需要打开"查询设置"窗口，在显示表中添加"专业表"和"系表"中，选择相应的字段添加到设计视图中，其效果如图4-21所示。

在功能区"设计"选项卡的"查询类型"组中选择"交叉表"命令，其"查询设计"视图中的 QBE 网格将发生如图4-22所示的变化。

网格里的"显示"消失，被"交叉表"取代。此时，用户可以设置交叉表里字段的排放位置，如"行标题"、"列标题"和"值"等，其设置完成后的效果如图4-23所示。

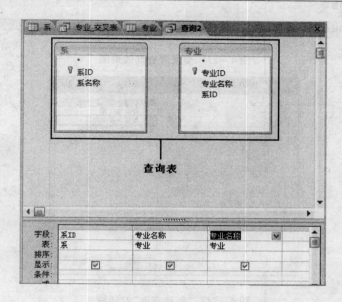

图4-21　在查询设计视图中添加表对象

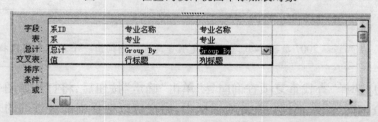

图4-22　交叉表 QBE 网格

2）创建查找重复项查询

（1）创建查找重复项查询需要用户打开已建立的数据库文件，进入数据表视图，在"创建"选项卡的"其他"组中选择"查询向导"命令，即可打开如图4-24所示的"新建查询向导"对话框，从中选择"查找重复项查询向导"命令，最后单击"确定"按钮即可。

图 4-23　交叉表查询效果图

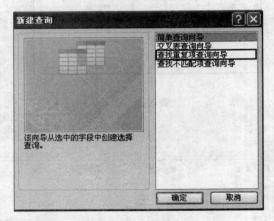

图 4-24　"新建查询"对话框

在 Access 2007 数据库中,查找重复项查询可以查询出一个或多个字段相同中值的记录。

（2）当用户选择"查找重复项查询向导"单击"确定"按钮后,将打开如图 4-25 所示的"查找重复项查询向导"对话框。在此对话框中,用户可以选择当前被查询的表或查询中的字段,然后单击"下一步"按钮。

（3）在打开的如图 4-26 所示的窗口中,用户需要选择可能包含重复信息的字段,单击添加按钮 >,将可用的字段加入到重复值字段列表中,然后单击"下一步"按钮,完成所创建的查找重复项查询操作。

（4）在打开的如图 4-27 所示的窗口中,用户需要选择是否显示除带有重复值的字段之外的其他字段,单击添加按钮 >,将可用的字段加入到另外的查询字段列表中,然后单击"下一步"按钮,完成所创建的查找重复项查询操作。

（5）当用户选择可用字段后,单击"下一步"按钮,将打开如图 4-28 所示的对话框,要求用户指定查询的标题名称。在选择是"查看结果"还是"修改设计"中,用户可以选择"查看结果"前面的按钮,单击"完成"命令,即可完成所创建的查找重复项查询操作。

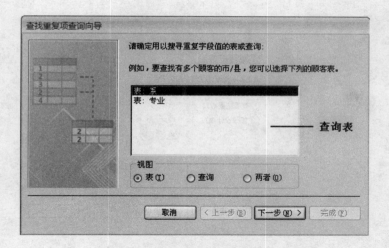

图 4－25　"查找重复项查询向导"对话框

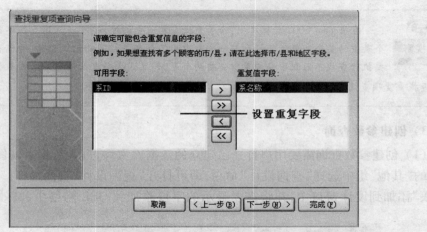

图 4－26　设置查找重复项查询重复字段

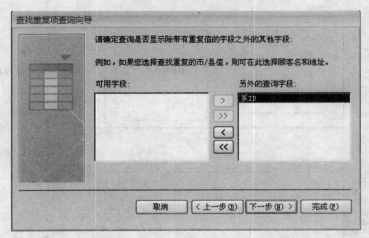

图 4－27　设置查找重复项查询可用字段

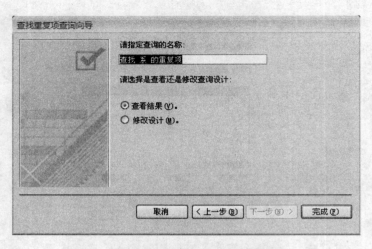

图 4-28 设置查找重复项查询标题

在 Access 2007 数据库中,除了查找重复项查询外,还可以创建查找不匹配项查询,将一个表中的某个字段的数据和另一个表中的某个字段相同的记录删除,并储存在另一张表里。要执行查找不匹配项查询至少需要两个表,并且这两个表必须在同一个数据库里,其方法与设置查找重复项查询的方法相同。

3)创建参数查询

(1)创建参数查询需要用户打开已建立的数据库文件,进入数据表视图,在"创建"选项卡的"其他"组中选择"查询设计"命令,即可打开"查询设计"视图窗口。将"专业表"和"系表"添加到设计窗口中,并将需要显示的字段添加到 QBE 网格中,其效果如图 4-29 所示。

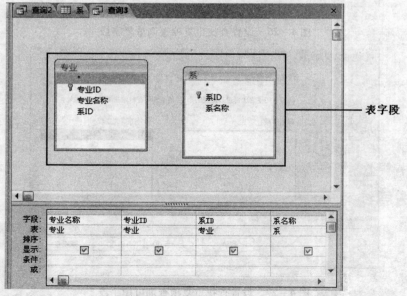

图 4-29 查询设计视图窗口

（2）在"查询设计"视图的 QBE 网格字段的条件里，用户可以输入需要的参数设置。在"系 ID"字段里，设置"系 ID"字段的条件为"[输入系 ID：]"，其效果如图 4－30 所示。

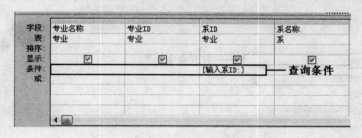

图 4－30　设计参数查询条件窗口

（3）在功能区"设计"选项卡的"显示/隐藏"组中单击"参数"命令，将打开如图 4－31 所示的"查询参数"对话框，用户可以在对话框中选择字段属性，然后单击"确定"按钮。

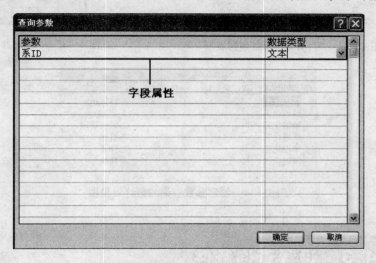

图 4－31　查询参数窗口

（4）在 QBE 网格里，用户设计条件字段的数据类型必须符合参数中字段的数据类型，否则系统将无法正常执行相关操作。当参数设置完成后，打开所创建的查询，如图 4－32 所示。此时，将弹出如图 4－33 所示的"输入参数值"对话框，要求用户输入"系 ID"字段里的某个值，如"2"，然后单击"确定"按钮。

（5）当用户在"输入参数值"窗口中输入"系 ID"字段里的某个值后，将显示出参数查询的最终结果，其效果如图 4－34 所示。

4.2.5　拓展练习

在 Access 2007 中有一个"学生管理"数据库，在此数据库中查找"学生表"中的学号为"0014"的重复记录。

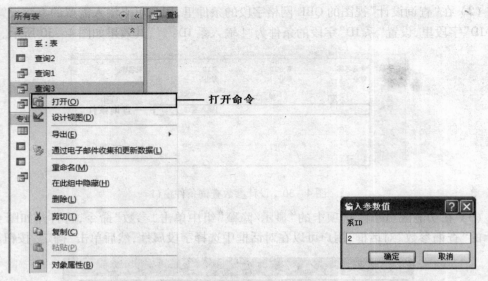

图 4-32 "打开"查询命令列表框   图 4-33 "输入参数值"对话框

专业名称	专业ID	系ID	系名称
精细化工	4	2	计算机
精细化工	4	2	化工
精细化工	4	2	经济管理
精细化工	4	2	机械
精细化工	4	2	外语
精细化工	4	2	精仪

图 4-34 创建参数查询的最终效果图

4.3 设置查询条件

查询设计就是根据特定的条件找到相应符合条件的记录,Access 中按照不同条件创建的查询可以获得不同的结果,在查询中加入条件可以更为准确地查找到满足不同要求的记录,灵活地运用条件可以提高查询的效率。

4.3.1 实训目的

在 Access 数据库中的查询条件主要是由运算符和表达式在相应的语法基础上共同组成的。在本次实训中,最主要的目的是通过向用户介绍常用的运算符、标准函数以及各种表达式的语法规则和使用方法来创建"系查询",使用户学会利用这些表达式和函数来创建指定条件的查询操作。

4.3.2 实训任务

运算符是一种用来处理数据的符号,日常生活中所用到的"＋"、"－"、"×"、"÷"都属于运算符。运算符所连接的是操作数,而操作数也就是所说的常量、变量或函数。每一种运算符都要求其作用的操作数符合某种数据类型。本次实训的主要任务是在"Database1"数据库中对"系表"进行创建查询的操作,要求用户学会创建查询,并熟练应用运算符或表达式。

4.3.3 预备知识

在利用查询设计器创建查询后,可对查询及字段的属性进行设置,如设置字段的内容、方法和事件。当创建查询后,在功能区"设计"选项卡的"显示/隐藏"组中,用户可以选择"属性表"命令,将打开如图 4 - 35 所示的"属性表"对话框。

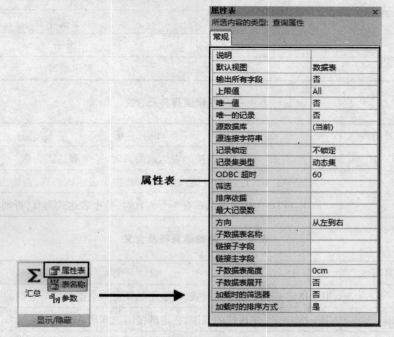

图 4 - 35 "属性表"对话框

在"属性表"对话框中选择相应的字段后,在此对话框的"常规"选项卡上,用户可以修改的内容有"说明"、"格式"、"输入掩码"、"标题"、"智能标记"、"文本格式"。在"说明"选项中,可对该字段格式进行说明,文本类型无格式,可以为空,如图 4 - 36 所示。

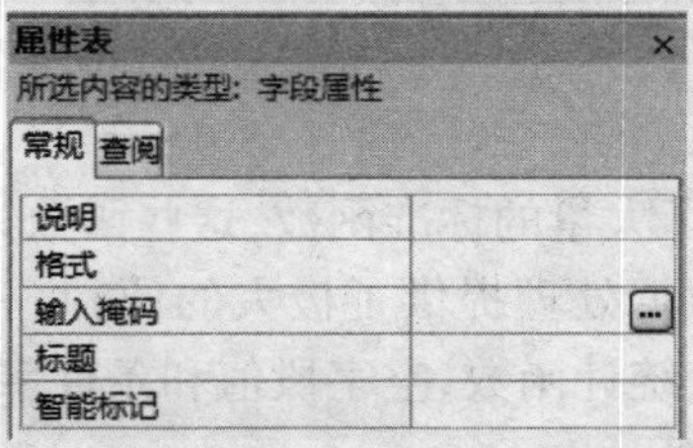

图 4 - 36 "属性表"格式设置对话框

1）运算符

运算符是组成查询条件的基本元素。Access 提供了关系运算符、逻辑运算符和特殊运算符,这三种运算符的含义分别如表 4－1、表 4－2 和表 4－3 所示。

表 4－1　关系运算符及含义

关系运算符	说　明
=	等于
< >	不等于
<	小于
< =	小于或等于
>	大于
> =	大于或等于

表 4－2　逻辑运算符及含义

逻辑运算符	说　明
Not	当 Not 连接的表达式为真时,整个表达式为假
And	当 And 连接的表达式都是真时,整个表达式为真,否则为假
Or	当 Or 连接的表达式有一个为真时,整个表达式为真,否则为假

表 4－3　特殊运算符及含义

特殊运算符	说　明
In	用于指定一个字段值的列表,列表中的任意一个值都可与查询的字段相匹配
Between	用于指定一个字段值的范围,指定的范围之间用 And 连接
Like	用于指定查找文本字段的字符模式。在所定义的字符模式中用"?"表示该位置可匹配任何一个字符;用"＊"表示该位置可匹配零或多个字符;用"#"表示该位置可匹配一个数字;用方括号描述一个范围,用于表示可匹配的字符范围
Is Null	用于指定一个字段为空
Is Not Null	用于指定一个字段为非空

2）标准函数

Access 数据库为用户提供了大量的标准函数,这些函数为更好地构造查询条件,为用户更准确地进行统计计算、实现数据处理提供了极大的便利。表 4－4～表 4－9 分别列出了数值函数、字符函数、日期函数、统计函数、空字段值和条件字段函数的格式和功能。

表4-4　数值函数说明

函　　数	说　　明
Abs（数值表达式）	返回数值表达式值的绝对值
Int（数值表达式）	返回数值表达式值的整数部分
Sqr（数值表达式）	返回数值表达式值的平方根
Sgn（数值表达式）	返回数值表达式值的符号值

表4-5　字符函数说明

函　　数	说　　明
Space（数值表达式）	返回由数值表达式的值确定的空格个数组成的空字符串
String（数值表达式，字符表达式）	返回一个由字符表达式的第一个字符重复组成的指定长度为数值表达式值的字符串 如 String(6 , " a") = "aaaaaa"　　String(5 , "abcde") = "aaaaa"
Left（字符表达式，数值表达式）	返回一个值，该值是从字符表达式左侧第一个字符开始，截取的若干个字符 如 Left("abcdefg",4) = "abcd"　　Left("abcdefg",0) = " " 　Left("abcdefg",10) = "abcdefg"
Right（字符表达式，数值表达式）	返回一个值，该值是从字符表达式右侧第一个字符开始，截取的若干个字符 如 Right ("abcdefg",4) = "defg" Right ("abcdefg",0) = " " Right ("abcdefg",10) = "abcdefg"
Len（字符表达式）	返回字符表达式的字符个数，当字符表达式为 Null 时，返回 Null 值 如 Len("ABCDEFGHIJK") = 11
Ltrim（字符表达式）	返回去掉字符表达式前导空格的字符串 如 Ltrim(" abcdefg") = "abcdefg"
Rtrim（字符表达式）	返回去掉字符表达式尾部空格的字符串 如 Rtrim("abcdefg ") = "abcdefg"
Trim（字符表达式）	返回去掉字符表达式前导和尾部空格的字符串 如 Trim(" abcdefg ") = "abcdefg"
Mid（字符表达式，数值表达式 1[，数值表达式 2]）	返回一个值，该值是从字符表达式最左端某个字符开始，截取到某个字符为止的若干个字符 如 Mid ("abcdefg",2,3) = "bcd" 　Mid ("abcdefg",2) = "bcdefg" Mid 函数的第三个自变量可省略。这种情况下，从第二个自变量指定的位置向后截取到字符串的末尾

表 4 - 6　日期时间函数说明

函　数	说　明
Day(date)	返回给定日期 1~31 的值。表示给定日期是一个月中的哪一天
Month(date)	返回给定日期 1~12 的值。表示给定日期是一年中的哪个月
Year(date)	返回给定日期 100~9999 的值。表示给定日期是哪一年
Weekday(date)	返回给定日期 1~7 的值。表示给定日期是一周中的哪一天
Hour(date)	返回给定小时 0~23 的值。表示给定时间是一天中的哪个钟点
Date()	返回当前系统日期

表 4 - 7　统计函数说明

函　数	说　明
Sum(字符表达式)	返回字符表达式中值的总和。字符表达式可以是一个字段名,也可以是一个含字段名的表达式,但所含字段应该是数字数据类型的字段
Avg(字符表达式)	返回字符表达式中值的平均值。字符表达式可以是一个字段名,也可以是一个含字段名的表达式,但所含字段应该是数字数据类型的字段
Count(字符表达式)	返回字符表达式中值的个数,即统计记录个数。字符表达式可以是一个字段名,也可以是一个含字段名的表达式,但所含字段应该是数字数据类型的字段
Max(字符表达式)	返回字符表达式值中的最大值。字符表达式可以是一个字段名,也可以是一个含字段名的表达式,但所含字段应该是数字数据类型的字段
Min(字符表达式)	返回字符表达式值中的最小值。字符表达式可以是一个字段名,也可以是一个含字段名的表达式,但所含字段应该是数字数据类型的字段

表 4 - 8　使用空字段值作为条件

字段名	条　件	功　能
姓名	Is Null	查询姓名为 Null(空值)的记录
姓名	Is Not Null	查询姓名有值(不是空值)的记录
联系电话	""	查询没有联系电话的记录

表 4 - 9　使用字段的部分值作为条件

字段名	条　件	功　能
课程名称	Like "计算机 *"	查询课程名称以"计算机"开头的记录
课程名称	Like " * 计算机 *"	查询课程名称中包含"计算机"的记录
姓名	Not "王 *"	查询不姓王的记录
工作时间	Between #1992 - 01 - 01# And #1992 - 12 - 31#	查询 1992 年参加工作的职工
工作时间	< Date() - 15	查询 15 天前参加工作的记录

（续表）

字段名	条　件	功　能
工作时间	Between Date( ) And Date( ) - 20	查询 20 天之内参加工作的记录
出生日期	Year([出生日期]) = 1980	查询 1980 年出生的记录
工作时间	Year([工作时间]) = 1999 And Month([工作时间]) = 4	查询 1999 年 4 月参加工作的记录

4.3.4　实训步骤

（1）依据条件来建立查询,用户需要打开创建的"Database1"数据库,进入其工作窗口,在此数据库中打开创建的"系表",如图 4－37 所示。

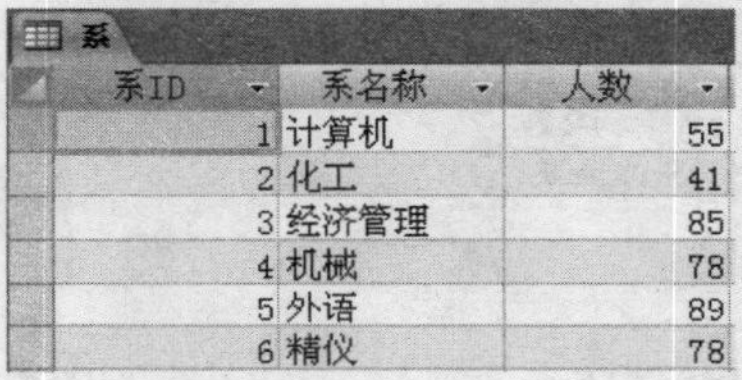

图 4－37　系表数据窗口

（2）在"创建"选项卡的"其他"组中选择"查询设计"命令,将打开"查询设计"工作界面。在"显示表"中选择查询的数据源为"系表",单击添加按钮,将其添加到"表/查询"窗口中,其效果如图 4－38 所示。

图 4－38　添加系表数据源窗口

（3）在"查询设计"视图的 QBE 网格的"字段"列中选择查询需要显示的字段为"系ID"和"系名称"。在"系 ID"字段的排序选项中选择"升序",其效果如图 4－39 所示。

图 4－39　设置查询显示字段

（4）在"查询设计"视图的 QBE 网格的"系名称"显示字段的"条件"中输入查询的条件为"like '计 * '",查找"系表"中"系名称"以"计"字开头的记录,如图 4－40 所示。

（5）查询条件设置完成后，用鼠标右键单击"查询"标签，从弹出的快捷菜单中选择"保存"命令，将弹出如图 4－41 所示的"另存为"对话框，输入查询的名称为"系查询"，最后单击"确定"按钮。

图 4－40　设置查询条件

图 4－41　"另存为"对话框

（6）保存好查询设置后，在"查询工具"动态命令标签的"设计"选项卡的"结果"组中选择"运行"命令（见图 4－42），将显示查询最终的结果，如图 4－43 所示。

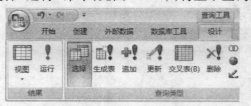

图 4－42　运行查询命令按钮组

图 4－43　查询最终效果图

（7）如果用户对于查询的效果不是太满意，还可以再次对设计的查询进行编辑操作。用鼠标右键单击"系查询"名称标签，从弹出的快捷菜单中选择"设计视图"，将再次进入查询的设计界面。在 QBE 网格中修改查询的显示效果，添加显示字段"人数"，如图 4－44 所示。

图 4－44　查询设计窗口

（8）修改查询设计条件后，需要再次保存此查询，然后在"设计"选项卡的"结果"组中选择"运行"命令，将显示查询的最终效果，如图 4－45 所示。

图 4－45　查询效果图

4.3.5　拓展练习

创建"成绩表"查询，查找"成绩表"中的总分字段小于 80 分以上的学生记录，并将查询的结果保存在"总分"查询中。

4.4 SQL 查询

在 Access 2007 中,创建和修改查询最便利的方法是使用查询设计视图。但是,在创建查询时,并不是所有的查询都可以在系统提供的查询设计视图中进行,有的查询只能通过 SQL 语句才能实现。例如,在数据库中的"学生表"中,显示"90 分以上学生情况"的相关记录和"学生成绩查询"中"80 分以下的所有学生记录",显示的内容为"学生编号"、"姓名"、"成绩"等三个字段。

4.4.1 实训目的

SQL 查询是用户使用 SQL 语句直接创建的一种查询。实际上,Access 创建的所有查询都可以认为是一个 SQL 查询,因为 Access 查询就是以 SQL 语句为基础来实现查询功能的。本次实训的目的是希望用户能利用"系表"中的数据,学会利用 SQL 语句自身的优点,根据相应的 SQL 语法创建符合要求的查询。

4.4.2 实训任务

SQL 是一种一体化的语言,它包括了数据定义、数据查询、数据操纵和数据控制等各方面的功能。SQL 可以完成与数据库相关的大部分工作,其语法非常简单,但功能强大,可以进行复杂的数据运算。SQL 语言可以直接以命令方式与系统交互使用,也可以嵌入程序设计语言当中,以程序方式使用。所以用户学会如何使用 SQL 语句,是本次实训的重点,也是本次实训的最基本任务。

4.4.3 预备知识

SQL 查询就是用户使用 SQL 语句来创建的,SQL 查询主要包括联合查询、传递查询、数据定义查询和子查询四种。联合查询是将一个或多个表、一个或多个查询的字段组合为查询结果中的一个字段。当用户执行联合查询时,将返回所包含的表或查询中的对应字段记录;传递查询是直接将命令发送为 ODBC 数据,它使用服务器接受命令,利用它可以检索或更改记录;数据定义查询可以创建、删除或更改表,或在当前的数据库中创建索引;子查询是包含另一个选择或操作查询中的 SQL SELECT 语句,可以在"查询设计"视图的 QBE 网格"字段"行中输入这些语句来定义新字段,或在"条件"行中定义字段的条件。

1) SQL 语法

在 SQL 语言中,用户使用最频繁的是 SELECT 语句。SELECT 语句构成了 SQL 数据库语句的核心,它的语法包括 FROM、WHERE 和 ORDER BY 子句。SELECT 语句是查询中的核心语句。

SELECT 语句的语法格式如下:

SELECT [谓词] 显示的字段名或表达式 [As 别名] [, …]

FROM 表名 [, …]

[WHERE 条件…]

[GROUP BY 字段名]

[HAVING 分组的条件]

[ORDER BY 字段名 [ASC|DESC]];

2）SQL 语法含义

SELECT 语句各个部分的含义如下：

（1）SELECT：指出所要查找的列。

（2）谓词：主要包括 ALL、DISTINCT 或 TOP，用户可用谓词来限制返回的记录数量。如果没有指定谓词，则默认值为 ALL。TOP n 可以列出最前面的 n 条记录；DISTINCT 可以去掉查询结果中指定字段的重复值，只显示不重复的值。

（3）显示的字段名或表达式：可以使用" * "代表从特定的表中指定全部字段。如果字段在不同的表中重名，显示的字段名前要加上表名，以说明表的来源。

（4）别名：用作列标题，用来代替表中原有的列名。

（5）FROM：指出要获取的数据来自于哪些表，数据表可以在 FROM 子句中使用 INNER JOIN 运算来描述多表之间的关系为内部连接。

（6）WHERE：指明查询的条件。WHERE 是可选的，如果不写表示选择全部记录，在使用时必须接在 FROM 之后。

（7）GROUP BY：将查询结果按指定的列进行分组，可以使用合计函数，如 Sum 或 Count，包含于 SELECT 语句中，系统会创建一个各记录的总计值。

（8）HAVING：用来指定分组的条件，HAVING 子句是可选的，如果有 HAVING，则必须放在 GROUP BY 子句后面。

（9）ORDER BY：按照递增或递减顺序，在指定字段中对查询的记录结果进行排序，其中，ASC 代表递增，DESC 代表递减，如果不写默认为递增。

　　　　SQL 是 Structure Query Language 的英文简写，意思是结构化查询语言。SQL 是在数据库系统中应用广泛的数据库查询语言，它包含了数据定义、查询、操纵和控制四种功能。SQL 的主要作用就是同各类数据库建立联系，进行沟通。SQL 语言的功能强大，使用起来方便灵活，语法简单易学，受到程序爱好者的好评。

4.4.4　实训步骤

（1）依据条件来建立查询，用户需要打开创建的"Database1"数据库，进入其工作窗口，在此数据库中打开创建的"系表"，如图 4-46 所示。

（2）在"创建"选项卡的"其他"组中选择"查询设计"命令，将打开"查询设计"工作界面。在"显示表"中选择查询的数据源为"系表"，单击添加按钮，将其添加到"表/查询"窗口中。

（3）在"查询工具"动态命令标签"设计"选项卡的"查询类型"组中选择"联合"命令（见图 4-47），将进入"SQL 命令编辑"窗口。在此窗口中，用户可以按照 SQL 语句的语法规则进行查询数据。

（4）在打开的"SQL 命令编辑"窗口中，用户可以按照 SQL 语句的语法规则对系表中的

图 4-46　系表数据窗口

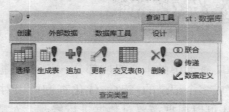

图 4-47　查询类型命令按钮组

数据进行条件设置,如查找"系表"中"系 ID"字段为"2"的记录并显示,设置后的 SQL 语句如图 4-48 所示。

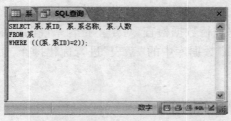

图 4-48　SQL 命令编辑窗口

(5) SQL 条件设置完成后,用鼠标右键单击"查询 1"标签,从弹出的快捷菜单中选择"保存"命令,将弹出如图 4-49 所示的"另存为"对话框,输入查询的名称为"SQL 查询",最后单击"确定"按钮。

图 4-49　SQL 命令"另存为"对话框

(6) 保存好查询设置后,在"查询工具"动态命令标签的"设计"选项卡的"结果"组中选择"运行"命令,将显示查询的最终结果,如图 4-50 所示。

图 4-50　SQL 查询效果图

4.4.5　拓展练习

创建"学生表"查询,利用 SQL 语句查找"学生表"中的"学号"字段等于"0102"的记录,并保存查询结果。

4.5　设置优化查询

优化查询是 Access 2007 查询中的重要组成部分,用于对数据库进行复杂的数据管理操作,它能够通过一次操作完成多个记录的修改。优化查询可以对数据库中的数据进行简单的检索、显示和统计,而且还可以根据需要对数据进行修改。对数据库中的表数据执行查询操作后,对于所创建的查询用户不太满意,就可以执行优化查询的操作。

4.5.1　实训目的

操作查询实际上是对表中数据执行的优化操作,如删除记录或是修改数据。在设置一个查询后,用户可以运行它进行数据检查,对于不符合条件的记录进行更改设置。本次实训的目的是通过对"Database1"数据库中的"系表"进行优化操作,使用户学会追加或删除查询的相关操作方法。

4.5.2　实训任务

优化查询是在一个操作中对查询所生成的动态集进行更改的设置。操作查询和选择查询有点相似,它们都是由用户指定出所要输出的记录条件,但是优化操作查询可以同时对多个记录进行修改,也可以把操作查询分为四种类型:删除、更新、追加和生成表。本次实训的任务是对"Database1"数据库中的"系表"进行删除、更新、追加和生成表的相关操作。

4.5.3　预备知识

在 Access 2007 数据库中建立查询后,用户可以在如图 4-51 所示的"设计"选项卡的"结果"组中选择"运行"命令,查看所创建的查询结果。同时,用户还可以在"查询类型"组中选择"生成表"命令创建查询,利用一个或多个表中的全部或部分数据新建一个表。

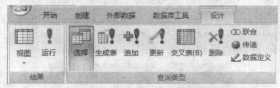
图 4-51　查询类型组

创建"生成表"查询需要用户在"创建"功能区的"其他"组中选择"查询设计"命令,打开"查询设计"视图窗口。当用户在功能区中选择"生成表"命令后,将打开如图 4-52 所示的"生成表"对话框。在此对话框的表名称中输入新表的表名,单击"确定"命令。

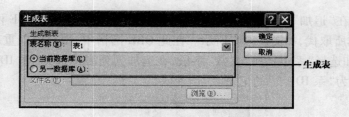

图 4-52 "生成表"对话框

当用户完成"生成表"对话框中表名的设置操作后,在"查询设计"视图窗口中设置查询条件,就可以选择"保存"命令,并运行生成表查询。

4.5.4 实训步骤

(1)追加查询可以为指定的表添加记录,还可以将其他表中的记录添加到指定表中。这个表可以是数据库里的某个表,也可以是其他数据库里的表。追加查询,用户需要打开创建的"Database1"数据库,进入其工作窗口,在数据库中打开创建的"系表",如图 4-53所示。

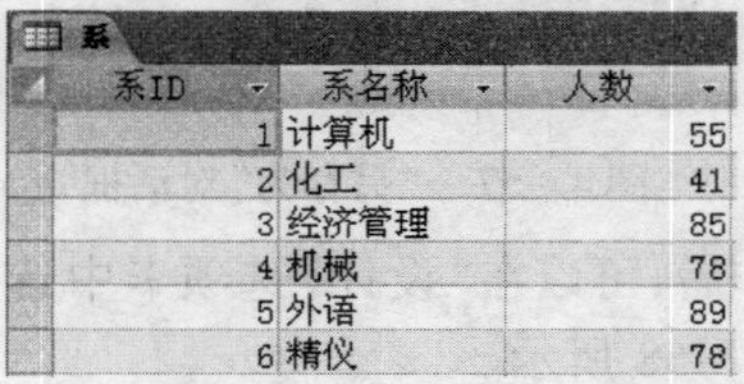

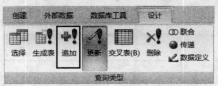

图 4-53 系表数据窗口

(2)对"Database1"数据库中的"系表"追加查询,需要用户打开"查询设计"窗口,在"设计"选项卡的"查询类型"组中选择"追加"命令,如图 4-54所示。

图 4-54 设置追加查询选项组

(3)在打开的如图 4-55所示的"追加"对话框中,用户可以在"表名称"下拉列表中选择需要追加到当前数据库中的表名称,如"系表",也可以选中"另一个数据库"前面的按钮,将选择的表追加到另一个数据库中。

图 4-55 "追加"对话框

（4）当用户在"追加"对话框中输入表名称后，"查询设计"视图 QBE 网格中的"显示"被"追加到"文本所取代，如图 4-56 所示。在此 QBE 网格中，用户可以重新选择新的字段添加到查询中，如选择"系 ID"和"人数"字段，在追加到列表中选择"系 ID"、"人数"，同时设置追加的条件为"系 ID <5"的记录。

图 4-56　追加查询设计窗口

（5）当用户完成追加查询的条件设置操作后，用鼠标右键单击"查询1"标签，从弹出的快捷菜单中选择"保存"命令，将弹出如图 4-57 所示的"另存为"对话框，输入查询的名称为"系追加"，最后单击"确定"按钮。

图 4-57　"另存为"对话框

（6）当用户保存查询操作后，可以在"设计"选项卡中选择"运行"命令查看结果，运行更新查询后的最终效果如图 4-58 所示。

图 4-58　追加查询效果图

　　更新查询可以对表中某个字段的所有记录进行更改；更新查询需要打开查询设计器，进入其工作窗口，在"设计"选项卡"查询类别"组中选择"更新"命令，然后在"查询设计"视图中重新选择查询条件进行保存即可。

（7）删除查询可以按指定条件对表中的记录进行删除，但表中被删除的记录将无法恢复。删除查询需要用户用鼠标右键单击创建的查询，从弹出的如图 4-59 所示的快捷菜单中选择"打开"命令，打开创建查询的设计窗口。

（8）当用户进入"查询设计"视图窗口后，可以在"设计"功能区"查询类型"组中选择"删除"命令，此时查询窗口的 QBE 网格里的"排序"、"显示"被"删除"取代，这时在"系 ID"的条件中输入条件："not =3"，如图 4-60 所示。

（9）当用户在 QBE 网格中设置完查询条件后，就可以执行"保存"操作。这时满足条件的记录将被删除。保存查询操作后，用户就可以在"设计"选项卡中选择"运行"命令查看结果，运行删除查询后的最终效果如图 4-61 所示。

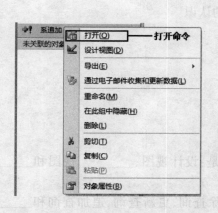

图4-59 "打开"查询命令列表框

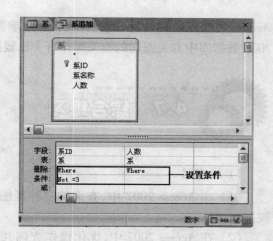

图4-60 查询设计视图窗口

在Access 2007中创建查询操作后,用鼠标右键单击所创建的查询,从弹出的如图4-62所示的快捷菜单中选择"删除"命令。当用户在快捷菜单中选择"删除"命令后,所创建的查询以及查询中的全部内容将被删除,包含查询表中的记录和字段。

图4-61 系删除记录后的效果图

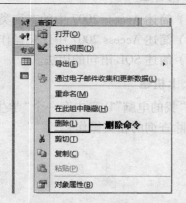

图4-62 "删除"查询命令列表框

4.5.5 拓展练习

打开创建的"学生表"查询,更新"学生表"中"学号"字段等于"0102"的记录,将其改为"0122"并保存查询结果。

4.6 本章小结

本章主要介绍了Access 2007数据库查询的创建、更改或删除以及如何创建特殊类型的查询,SQL查询的相关操作。同时,还介绍了如何在查询中应用表达式或函数。查询在任何

Access 数据库应用程序中都是一个非常重要的内容,通过本章的学习,读者将对 Access 2007 数据库中有关查询的相关操作有个比较概略的认识。

4.7 综合练习

1)填空题

(1)在 Access 2007 中,查询的三种视图分别是:设计视图、_____视图和_____视图。

(2)在 Access 2007 中,优化操作查询共有删除查询、更新查询、追加查询和_____查询。

(3)在 Access 2007 中,创建特殊类型的查询主要有_____。

(4)用 Access 2007 中,创建查询可以使用表向导创建,也可以使用_____创建。

(5)在 Access 2007 中,查询也是一个表,是以_____为数据来源的再生表。

2)简答题

(1)简述 Access 2007 中的查询类型。

(2)简述 Access 2007 中优化操作查询的种类。

(3)简述 SQL 语句的用法。

3)上机题

在"我的电脑"D 盘中有一个"学生"数据库,练习如何在此数据库中创建查询、更新查询和删除查询的相关操作。

Access 2007

Loading...

第5章
窗体设计

本章重点

▲ 窗体的创建

▲ 设置窗体的控件

▲ 创建特殊类型的窗体

▲ 设置窗体的属性

在Access 2007中，窗体是一个数据库对象，用户可以利用它更加方便地实现数据的精确输入、编辑、更改以及显示表或查询中的数据。窗体具有一个或多个控件，用户利用控件可以有效地控制数据的访问，创建基于多个表、具有多个页面或选项卡的窗体，或者显示选项菜单的对象。有效的窗体省略了用户搜索所需内容的步骤，以增加使用数据库的乐趣和效率，更便于人们使用数据库，以减少数据输入错误的机率。

窗体的功能主要用于输入或显示数据的数据库对象,用户可以利用窗体作为切换面板来打开数据库中的其他窗体或报表,也可以作为自定义对话框来接收输入数据的执行操作。总之,窗体设计的好坏将直接影响 Access 数据库的友好性和可操作性。所以,如果用户想熟练快捷地操作数据库,窗体的相关操作是学习中必不可少的重点内容。

5.1.1 实训目的

在 Access 数据库中,窗体是一种作为数据输入或浏览的界面,对表中数据的增加、修改或删除操作都可以在此界面下进行。窗体是 Access 数据库应用系统中最重要的一种操作对象,它是用户和 Access 应用程序之间进行数据交换最理想的工作界面。本次实训的主要目的是通过在"Database1"数据库中的"系表"和"专业表"来创建窗体对象,让用户学会在数据库中利用窗体向导或者窗体设计器,创建基于单个表或多个表的窗体设计对象的操作方法。

5.1.2 实训任务

窗体的创建与表等对象的操作方法相同,可以使用向导创建,也可以直接在设计视图中创建。使用向导创建窗体,可以按照向导的提示选择数据源,也可以选择窗体的布局和样式;使用设计视图创建窗体,需要用户自己设置窗体的数据源、外观样式以及在窗体中添加控件对象。本次实训的任务是要求用户根据"系表"和"专业表"来建立窗体,掌握建立窗体的方法,特别是如何利用设计视图创建窗体。

5.1.3 预备知识

窗体通常由页眉、页脚及主体三部分组成。窗体页眉、窗体页脚和窗体主体又称为"节",因此,窗体又可以说成是由页眉节、页脚节和主体节三元素组成的。在设计窗体外观样式时,用户可以根据需要在窗体界面中添加"页面页眉"和"页面页脚"两节,以丰富窗体内容的显示。所有窗体中的主体节用以显示数据库中表对象的内容,是窗体的数据源。在Access 2007 中,用户可以根据需要随时在窗体中添加控件。窗体的外观效果如图5－1所示。

5.1.4 实训步骤

1)使用向导创建窗体

(1)利用向导创建窗体需要用户打开已建立的数据库文件,进入数据表视图,在如图5－2所示的"创建"选项卡的"窗体"组中选择"其他窗体"命令,即可打开如图5－3所示的下拉列表,从中选择"窗体向导"选项。

(2)当用户选择"窗体向导"命令后,将打开如图5－4所示的"窗体向导"对话框。在

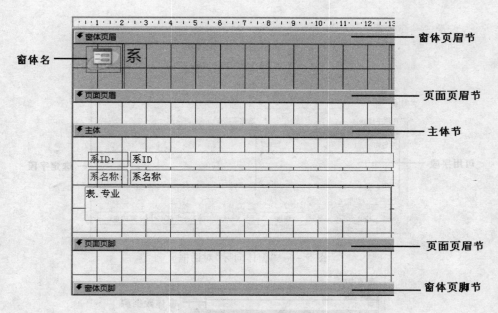

图5-1　窗体工作界面

此对话框的"可用字段"列表中列出了当前窗体中所用字段,在"选字字段"列表中列出了当前需要显示的字段。当用户选择"可用字段"列表中的字段后,单击添加 ＞ 按钮,将可用的字段加入到"选定字段"列表中,用来在窗体中显示。

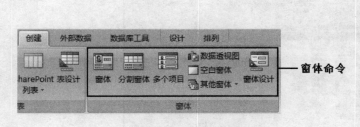

图5-2　窗体创建组

图5-3　窗体选项列表框

在图5-4所示的"窗体向导"对话框中,用户可以在"表/查询"列表中选择相应的表或查询,如图5-5所示。如果用户选择了两个表或查询中的字段,则可以建立多字段的窗体设计。

（3）选择窗体中的字段后,单击"下一步"按钮将打开如图5-6所示的"窗体向导"对话框。在此对话框中,用户可以确定窗体使用的布局,有"纵栏表"、"表格"、"数据表"和"两端对齐"四种布局。选择某一种布局后,将在窗口中生成相应的视图效果。

（4）单击"下一步"按钮,用户将打开如图5-7所示的对话框,要求用户确定窗体的样式。选择相应的样式后,在左边将显示该样式的外观和效果,设置完成后,单击"下一步"按钮。

（5）当用户选择窗体样式后,单击"下一步"按钮,将打开如图5-8所示的对话框,要求用户指定窗体的标题名称,输入完名称后,选择"打开查询查看或输入信息"前面的按钮,

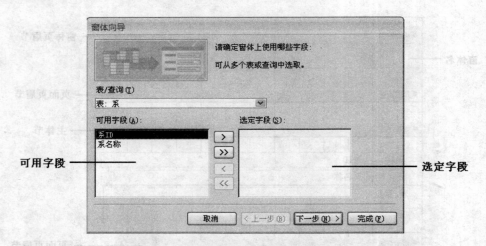

图 5-4　"窗体向导"对话框

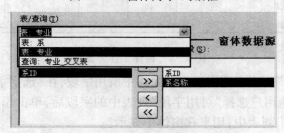

图 5-5　选择窗体数据源对象

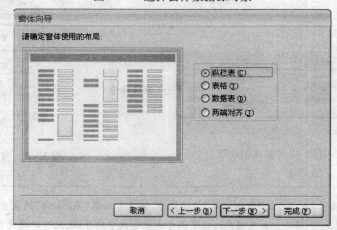

图 5-6　设置窗体布局

即可单击"完成"按钮,完成所创建的简单窗体操作,其效果如图 5-9 所示。

　　　　在图 5-8 所示的"为窗体指定标题"对话框中,用户还可以选中"修改窗体设计"前面的按钮,然后单击"完成"按钮,表的上方将显示"窗体"设计窗口,用户可在此窗口里修改窗体的设计。

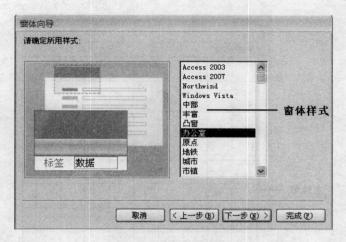

图 5-7 设置窗体样式

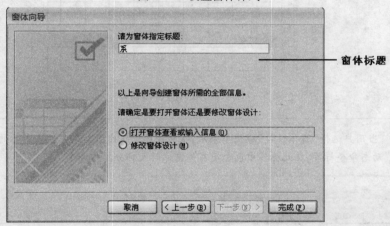

图 5-8 设置窗体标题

2）使用设计器创建窗体

（1）Access 不仅提供了方便用户创建窗体的向导,还提供了相应的窗体设计视图。对于创建的窗体,如果用户对效果不满意,还可以在设计视图中进行更改。利用设计视图创建窗体,需要用户在如图 5-10 所示的"创建"选项卡的"窗体"组中选择"窗体设计"命令,打开如图 5-11 所示的"窗体设计"视图窗口。

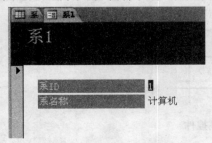

图 5-9 窗体效果图

图 5-10 窗体选项组

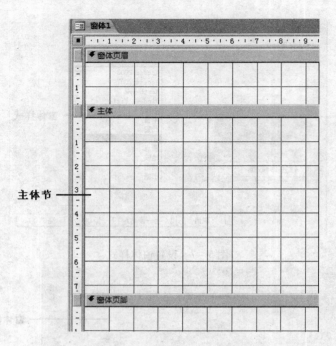

图 5 – 11 "窗体设计"视图窗口

 当用户选择"窗体设计"视图命令后,在功能区中将出现如图 5 – 12 所示的"窗体工具设计"动态命令标签,在此标签中包含了有关窗体的大部分操作命令。

图 5 – 12 "窗体设计工具"选项组

(2)在"窗体设计"视图中,用户可以选择相应的控件加入到此窗体的"窗体页眉"节中。如选择"标签"控件后,光标变为十字形状,然后在设计窗口中按住鼠标左键拖动光标绘制出一个区域,并输入相应的文本信息为"专业表",如图 5 – 13 所示。

图 5 – 13 创建标签控件

(3)在"窗体设计"视图中,用户可以选择相应的字段加入到此窗体的主体节中。如通过拖动鼠标的方式将"专业表"中的字段拖到主体节中,作为窗体显示的字段。当字段添加到窗体中后,用户还可以通过拖动的方式改变控件的位置,其效果如图 5 – 14 所示。

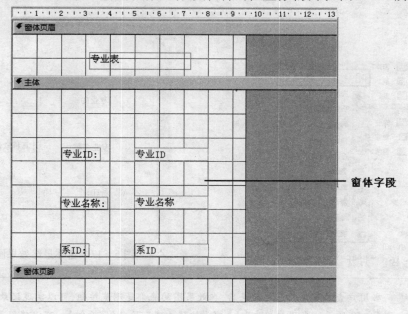

图 5 – 14　在窗体中添加字段效果图

　　　在 Access 2007 窗体中,当用户需要在主体节中添加内容时,可以在功能区"设计"选项卡的"工具"组中选择"添加现有字段"命令,打开"字段列表"对话框。在字段列表对话框中列出了当前数据库表中的所有字段,用户可以通过鼠标拖动的方式将字段列表中相应的字段拖到主体节中,作为窗体最终显示的内容。

（4）当窗体设计操作完成后,用户可以用鼠标右键单击所设计的窗体标签,从弹出的如图 5 – 15 所示的快捷菜单中选择"保存"命令,这时将弹出"另存为"对话框,输入窗体保存的名称为"窗体 1"。

图 5 – 15　"保存"窗体命令列表框

（5）在利用"窗体设计"视图完成窗体的创建操作后,用户可以在导航窗格中用鼠标右键单击创建的"窗体 1",从弹出的如图 5 – 16 所示的快捷菜单中选择"打开"命令,查看窗体的最终效果,如图 5 – 17 所示。

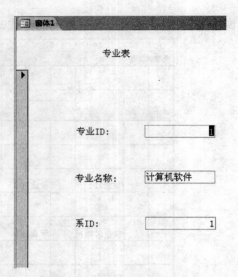

图 5 - 16　"打开"窗体命令列表框　　　　图 5 - 17　窗体最终效果图

大视野　　当用户查看窗体的最终效果后,在效果图的底部是浏览按钮,可以实现记录的定位操作,如图 5 - 18 所示。当用户单击"上一个"按钮◀或"下一个"按钮▶,可以将记录定位到当前记录的前一个或后一个位置,如选择"下一个"按钮后,将出现如图 5 - 19 所示的效果图;单击"第一个"按钮◀或"最后一个"按钮▶,可以将记录定位到第一条记录或最后一条记录;单击添加按钮▶,可以向表中添加新记录。

记录: ◀ 第 1 项(共 12 项 ▶ ▶▶ ▷ 无筛选器 | 搜索

图 5 - 18　窗体定位按钮图

3)创建分割窗体

　　分割窗体是 Microsoft Office Access 2007 中的新功能,可以向用户同时提供数据的两种视图——窗体视图和数据表视图。这两种视图连接到同一数据源,并且总是保持相互同步。如果在窗体的一个部分中选择了一个字段,则会在窗体的另一部分中选择相同的字段,并且可以进行添加、编辑或删除数据的操作。分割窗体需要用户在导航窗格中单击要在窗体上显示的数据表或查询,或者在数据表视图中打开该表或查询,然后在"创建"选项卡上的"窗体"组中单击"分割窗体"命令,即可实现分割窗体的操作,其效果如图 5 - 20 所示。

专业ID:　　　　　　　　3

专业名称:　　自动化处理

系ID:　　　　　　　　1

图 5 - 19　改变窗体的记录的显示

小资料　　在 Access 2007 数据库中创建简单窗体,用户可以在导航窗格中单击选择希望在窗体上显示的数据表或查询。在"创建"选项卡上的"窗体"组中单击"窗体"命令按钮,即可完成简单窗体的创建操作,其效果如图 5 - 21 所示。

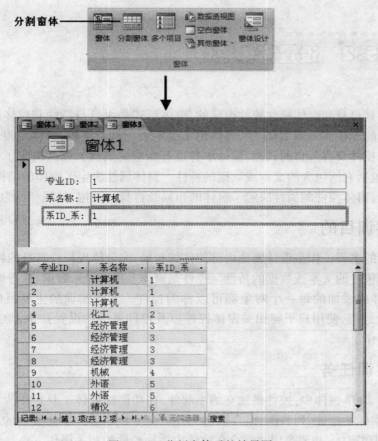

图 5－20　分割窗体后的效果图

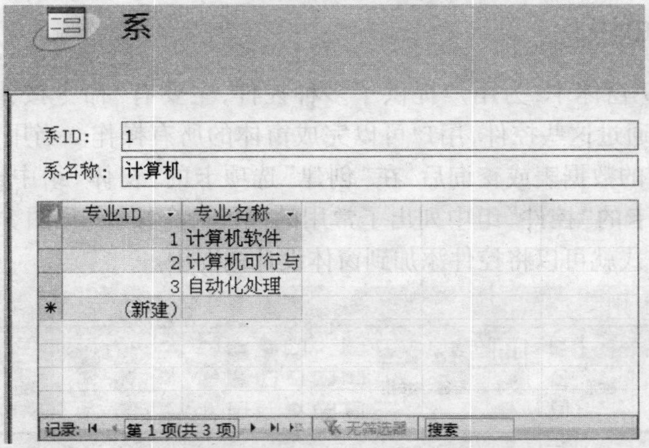

图 5－21　创建简单窗体效果图

5.1.5　拓展练习

在 Access 2007 中创建一个"学生管理"数据库,并在此数据库中利用向导创建"学生表窗体"和"成绩表窗体",然后设置相应的窗体布局。

5.2 设置窗体控件

窗体是由其自身和窗体所含控件组成的,窗体形式是由自身特性和窗体所含控件的自身特性而决定的。在 Access 2007 中,属性用于决定表、查询、字段、窗体及报表的特性。窗体中的每一个控件具有各自的属性,窗体本身也有相应的属性。属性决定了控件及窗体的结构和外观,包括它所包含的文本或数据的特性。窗体属性决定了窗体的结构、外观以及窗体的数据来源;窗体控件的属性决定了窗体的布局及自身的结构、外观和行为。

5.2.1 实训目的

窗体设计的主要工作是设计窗体内部控件的布局,充分体现控件自身的特性、外观和行为以及控件所包含的文本或数据的特性。控件是窗体上用于显示数据、执行操作、装饰窗体的对象,在窗体中添加的每一个对象都可以称为控件。本此实训的主要目的是通过创建"系窗体"这个过程,使用户了解相关窗体控件以及控件属性的设置知识,学会利用控件来完善窗体的操作。

5.2.2 实训任务

在 Access 2007 窗体中,控件是独立的小部件,在功能区窗体工具栏中为用户提供了多种控件,有文本标签控件、列表框、组合框、文本框、命令按钮等。本此实训的主要任务是通过"系表"来创建窗体,并要求用户学会在窗体中添加控件的相关操作方法。

5.2.3 预备知识

在 Access 2007 窗体中,为用户提供了多种控件,主要有"命令按钮"、"标签"、"文本框"、"组合框"等,通过这些控件,用户可以完成窗体的所有操作。当用户在导航窗格中单击要在窗体上显示的数据表或查询后,在"创建"选项卡的"窗体"组中选择"窗体设计"命令,在"设计"选项卡的"控件"组中列出了常用的控件命令按钮(见图 5 - 22),用户只需要通过鼠标拖动的方式就可以将控件添加到窗体设计视图中。

图 5 - 22 窗体"控件"选项组

1) 标签

用户可以在窗体、报表上使用标签来显示说明控件上的文本信息,例如,标题或简短的提示。标签并不显示字段或表达式的数值,它们总是未绑定的,当从一个记录移到另一个记录时,标签的值都不会改变。标签可以附加到其他控件上,创建标签控件需要用户打开创建的窗体,在功能区"设计"选项卡的"控件"组中,选择"标签"控件,在窗体的主体区域中拖动鼠标左键到合适的位置,然后输入相应控件的文本提示信息,如图 5 – 23 所示。

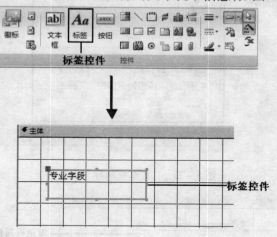

图 5 – 23 创建标签控件效果图

2）文本框

在窗体、报表上,用户可以使用文本框来显示记录源上的数据,这种文本框类型称作绑定文本框,因为它与某个字段中的数据相绑定。文本框也可以是未绑定的,如可以创建一个未绑定文本框来显示计算的结果或接受用户输入的数据,未绑定文本框中的数据不保存在任何位置。

创建文本框控件,需要用户打开创建的窗体,在功能区"设计"选项卡的"控件"组中选择"文本框"控件,在窗体的主体区域中拖动鼠标左键到合适的位置(见图 5 – 24),即可打开如图 5 – 25 所示的"文本框向导"对话框。在此对话框中,用户可以根据向导的提示,设置文本框中文本字体的大小、颜色等属性。

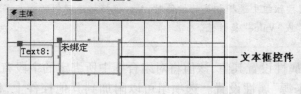

图 5 – 24 创建文本框控件效果图

3）复选框

复选框作为单独控件用来显示基础表、查询或 SQL 语句中的"是/否"值。如果在复选框内包含了检查符号,则其值为"是";如果不包含,则其值为"否"。如果选择了选项按钮,其值则为"是";如果未选择,其值则为"否"。

复选框可以将多个数据通过文本框组合到控件中。创建复选框控件,需要用户打开创建的窗体,在功能区"设计"选项卡的"控件"组中选择"文本框"控件,在窗体的主体区域中拖动鼠标左键到合适的位置即可,如图 5 – 26 所示。

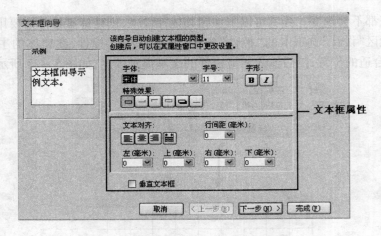

图 5-25 "文本框向导"对话框

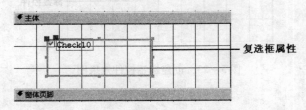

图 5-26 创建复选框控件效果图

4）选项按钮组

选项按钮组是有一个组合框和一组复选框共同组成的。如果选项按钮组绑定到某个字段上，则只有组合框本身绑定到此字段中，而不是组合框内的复选框、选项按钮或切换按钮。选项按钮组可以为每个复选框、选项按钮或切换按钮的"选项值"（窗体或报表）或"Value"属性设置相应的数字。

　　在选项按钮组中选择相关的控件时，Access 将该选项组所绑定字段的值设置为所选选项的"选项值"或"Value"属性值。

在窗体中为控件属性设置其值，该值将对组合框中所绑定的字段有意义，并取代组合框中每个控件的"控件来源"属性设置。选项组可以附加到其他控件上，创建选项组控件，需要用户打开创建的窗体，在功能区"设计"选项卡的"控件"组中选择"选项组"控件后，在窗体的主体区域中拖动鼠标左键到合适的位置（见图 5-27），即可打开如图 5-28 所示的"选项组向导"对话框。在此对话框中，用户可以根据向导的提示，设置选项组控件的属性。

5）列表框和组合框控件

在许多情况下，从列表中选择一个值要比记住一个值后键入它更快更容易。选择列表可以帮助用户确定在字段之中输入的值是否正确。窗体上的列表框可以包含一列或几列数据，用户可以从列表中选择值，但不能在列表框中输入新值。

创建列表框或组合框控件，需要用户打开创建的窗体，在功能区"设计"选项卡的"控件"组中选择"列表框或组合框"控件后，在窗体的主体区域中拖动鼠标左键到合适的位置，

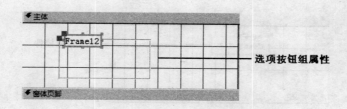

图5-27　创建选项按钮组控件效果图

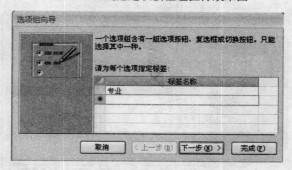

图5-28　"选项组向导"对话框

即可打开"列表框或组合框向导"对话框。在此对话框中,用户可以根据向导的提示,设置列表框或组合框的相关属性信息,如图5-29所示。

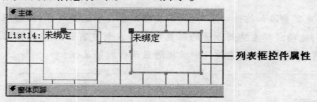

图5-29　创建列表框或组合框控件效果图

　　列表框中的列表是由数据行组成的,在窗体或列表框中可以有一个或多个字段。组合框的列表是有多行数据组成,但只显示一行,如果用户需要显示时,可以单击组合框右侧的向下按钮。组合框既可以进行选择,也可以输入文本,组合框是文本框和列表框合并在一起的共同体。

6) 命令按钮

在窗体上可以使用命令按钮来执行某个操作或某些操作,例如,用户可以创建一个命令按钮来打开另一个窗体。如果要使命令按钮执行窗体中的某个事件,则可以编写相应的宏或事件过程,并将其附加在按钮的"单击"事件属性中。

创建命令按钮控件,需要用户打开创建的窗体,在功能区"设计"选项卡的"控件"组中选择"命令按钮"控件,在窗体的主体区域中拖动鼠标左键到合适的位置(见图5-30),即可打开如图5-31所示的"命令按钮向导"对话框。在此对话框中,用户可以根据向导的提示设置命令按钮的属性。

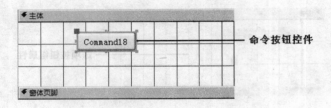

图 5-30　创建命令按钮控件效果图

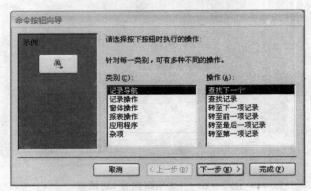

图 5-31　"命令按钮向导"对话框

　　当用户需要添加控件对象时,只需要在工具箱中选择对象,然后在窗体设计视图的合适位置单击,拖动鼠标左键到合适的位置即可。在创建窗体控件时将同时启动相应的控件向导,向导可以帮助用户设置控件中数据的显示格式等属性。

5.2.4　实训步骤

　　(1) 对数据库中的对象设置窗体,用户需要打开创建的"Database1"数据库,进入其工作窗口,在此数据库中打开创建的"系表",如图 5-32 所示。

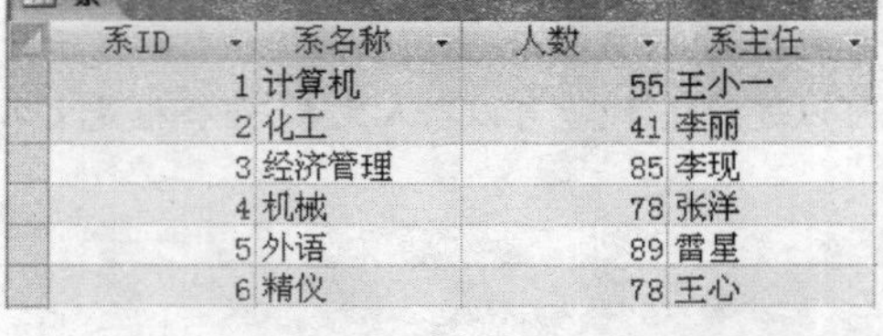

系ID	系名称	人数	系主任
1	计算机	55	王小一
2	化工	41	李丽
3	经济管理	85	李现
4	机械	78	张洋
5	外语	89	雷星
6	精仪	78	王心

图 5-32　系表数据窗口

　　(2) 在"创建"选项卡的"窗体"组中选择"窗体"命令,将快速创建一个简单的"系窗体",其效果如图 5-33 所示。简单窗体一般不能满足用户需求,这时,用户可以在"格式"选项卡的"视图"组中选择"设计视图"命令,进入窗体的设计视图中。

　　(3) 在"窗体设计"视图中,用户可以在"设计"选项卡的"控件"组中选择"标签"控件,然后在"窗体页眉"中拖动鼠标,绘制出标签控件的大小,并输入标签控件的内容为"系窗体效果",如图 5-34 所示。

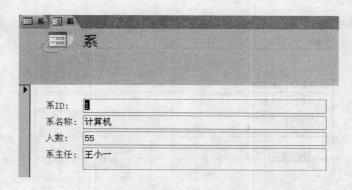

图 5-33　简单系窗体效果图

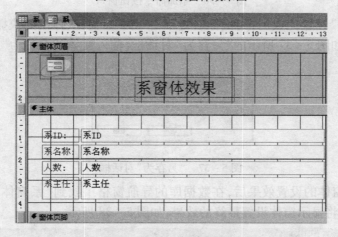

图 5-34　系窗体设计视图

（4）在"窗体设计"视图中,用户可以在"设计"选项卡的"控件"组中选择"命令按钮"控件,然后在"主体节"中拖动鼠标,绘制出命令按钮控件的大小,这时会打开如图 5-35 所示的"命令按钮向导"对话框。

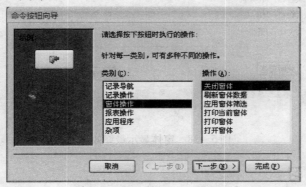

图 5-35　"命令按钮向导"对话框

（5）在"命令按钮向导"对话框中,用户需要在"类别"栏中选择"窗体操作"命令,在"操作"栏选择"关闭窗体"命令,然后按照向导的提示,单击"下一步"按钮进行设置,最后单击"完成"按钮。按照添加"关闭窗体"命令按钮的方法在"主体节"中再添加一个"刷新"

按钮,以刷新窗体中的数据,完成后的效果如图5-36所示。

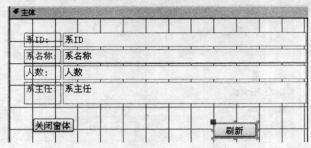

图5-36　添加命令按钮窗口

（6）"系窗体"设置完成后,用鼠标右键单击"系"标签,从弹出的快捷菜单中选择"保存"命令,将弹出如图5-37所示的"另存为"对话框,输入窗体的名称为"系窗体",最后单击"确定"按钮。

图5-37　"另存为"对话框

（7）保存好窗体的设置效果后,在数据库的导航窗格中找到"系窗体",然后用鼠标双击此窗体的名称,将显示窗体设置最终的效果,如图5-38所示。

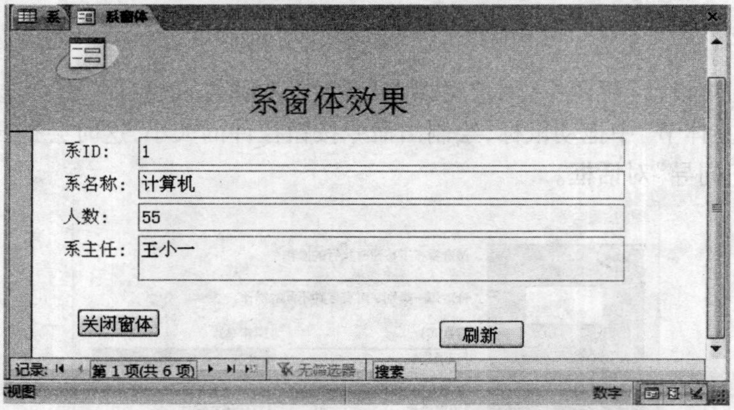

图5-38　窗体显示最终效果

5.2.5　拓展练习

创建"成绩表窗体",在此窗体中,通过工具箱中的控件对象,为此窗体添加标签控件,其标题名称设置为"成绩表"。

5.3　设置窗体外观

　　利用窗体这一对象,用户可以创建形式美观、内容丰富的界面,特别是修改窗体背景的内容设置,可以为用户提供一个非常有亲和力的数据库操作环境,使得数据库应用系统的操纵、控制一切尽在用户的管理中。在窗体中,为用户提供了三种视图,用户可以根据需要在相应的视图中修改窗体对象的字体、字号、边框和色彩等属性。

5.3.1　实训目的

　　在 Access 2007 窗体中,用户可以从系统提供的固定样式中选择相应的格式来对窗体中的对象进行美化操作,这些样式是系统提供的自动套用格式。同时,用户还可以在控件对象的属性表中更改相应的属性来设置窗体对象的外观效果。本次实训的主要目的是通过创建"专业窗体",使用户了解窗体的视图和属性,学会美化窗体外观的简单操作。

5.3.2　实训任务

　　在 Access 2007 中,窗体外观样式设计的好与坏,将直接影响到整个数据库的整体效果。设置窗件控件的背景、色彩,页眉页脚等对象的属性,可以起到美化窗体的作用。本次实训的任务主要是创建"专业窗体",并以设置窗体对象的背景为例,讲述了设置窗体控件内部文本的字形、字号、色彩和边框等相关的操作知识。

5.3.3　预备知识

　　在 Access 2007 中,为了方便用户对窗体外观的设计,特提供了三种窗体视图,分别是设计视图、窗体视图以及数据表视图。除了视图外,为了快速对数据库中窗体对象进行设置操作,用户还可以使用窗体提供的"属性表"中的相关命令来设置窗体。

1)窗体视图

　　当用户在功能区"窗体设计工具"动态命令标签的"设计"选项卡的"视图"组中选择"视图"命令,将打开如图 5 - 39 所示的视图菜单。用户在此菜单中选择相应的命令即可切换相应的视图。

　　(1)窗体视图。窗体视图用于显示表或查询中记录的数据,如图 5 - 40 所示。在窗体视图里,显示了字段和字段所对应的值,值一般出现在文本框中,用户能够同时输入、修改和查看完整的记录数据,并且可以显示图片。

　　(2)布局视图。布局视图可对表或查询中记录的数据位置、大小等属性进行更改,如图 5 - 41 所示。在布局视图里,用户能够更加直接方便地对窗体页面布局进行编排,同时,用户还可以通过移动的方式更改窗体内数据的位置。

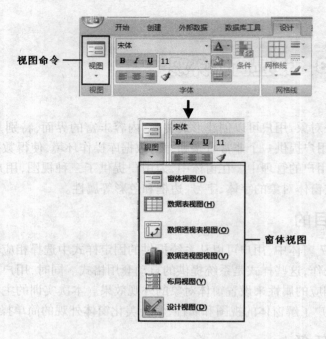

图 5 – 39 "窗体视图"列表框

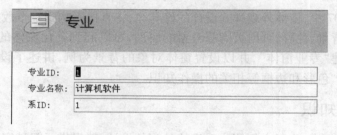

图 5 – 40 窗体视图

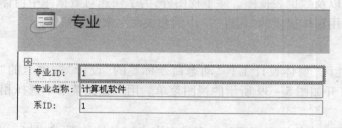

图 5 – 41 窗体布局视图

（3）设计视图。设计视图用于显示表或查询中记录的数据,如图 5 – 42 所示。在窗体设计视图里,用户可以更加方便直接地对窗体中的控件对象和值进行更改数据格式、添加对象,设计对象外观样式的相关属性设计。

2）属性窗口

当用户创建好控件后,还可以在"工具"组中选择"属性表"命令,打开如图 5 – 43 所示的"属性表"对话框。在此对话框中,用户可以设置窗体中各个控件的结构、外观和色彩以

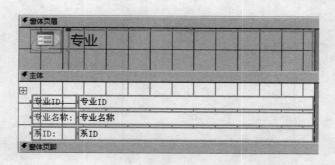

图 5-42　窗体设计视图

及所包含的文本或数据的特性等属性。

在 Access 2007 中,属性设置可以决定表、查询、字段、窗体或报表的特性。窗体中的控件对象在属性表中,用户可以设置的选项有"格式"、"数据"、"事件"、"其他"和"全部"这五个选项。属性表中的设置选项会根据用户选择控件的不同而发生变化。

（1）格式。格式属性确定标签控件的外观样式,主要包括的内容为对字体、大小、颜色、特殊效果、边界和滚动条等进行的设置。在格式属性中,用户可以设置窗体的背景颜色,设置所使用文本字体的名称、大小和字号等信息,如图 5-44 所示。

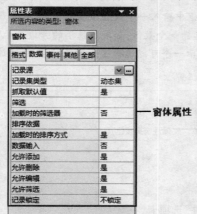

图 5-43　属性表对话框

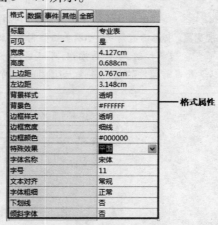

图 5-44　属性表中的"格式"选项卡

（2）数据。数据属性会影响控件值的显示方式以及它所绑定的数据源、格式、输入掩码和其他属性的设置。通过数据属性(见图 5-45),用户可以决定控件值的文本格式以及有效性规则,但不可以设置此值是否具有被选定的默认值。

在数据属性可用选项中有两个值,分别为"是"或"否",默认值为"是"。如果用户将默认值改为"否",则表示这个控件即使一直在窗体视图中显示,也不能用【Tab】键去选中或使用鼠标单击它,同时在窗体中该控件显示为灰色。

图 5 – 45　属性表中的"数据"选项卡

（3）事件。事件属性是根据事件命名的,通过事件属性,用户可以定义控件动作的事件名,包括加入一条记录、删除一个记录、鼠标双击响应的命令等。双击事件在一个对象被鼠标双击后才会发生,这个事件能够启动一个特殊的过程,并且还可以更新事件在一个对象的值发生变化后再执行其他的动作。

（4）其他。其他属性可以定义控件的附加信息,包括控件的名称、显示在状态栏上的描述等。显示控件的名称可以在程序中指定对象使用时的引用符号。每个窗体中控件对象的名称必须是唯一的,其他控件中的文本提示属性可以使使用该窗体的用户,在将鼠标放在一个对象上后显示一段文本提示信息。

　在属性表中单击要设置的控件对象,在属性框中输入一个设置值或表达式,如果属性框中显示有箭头,可以单击该箭头,然后从列表中选择一个数值;如果属性框的旁边显示"生成器"按钮,单击该按钮,可以显示一个生成器或显示一个可以选择生成器的对话框,通过生成器可以设置当前控件的相关属性,如图 5 – 46 所示。

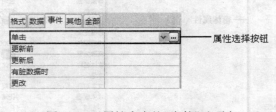

图 5 – 46　属性表中的"事件"选项卡

5.3.4　实训步骤

（1）当用户创建好一个数据库窗体对象后,就可以设计窗体的外观效果,以进行美化操作。设置窗体外观,需要用户先打开"窗体",在功能区"窗体设计工具"动态命令标签"设计"选项卡的"字体"组中,可以设置窗体控件对象中文本的字体样式,图 5 – 47 所示的是"专业窗体"中的"专业"标签设计字体后的效果。

（2）设置窗体外观样式,用户需要先打开"窗体",在功能区"窗体设计工具"动态命令标签"设计"选项卡的"自动套用户格式"组中选择"自动套用格式"命令,即可打开如图5 – 48所示的下拉列表。用户可以在此列表中选择一种格式外观,对窗体进行快速设计,图5 – 49 所示的是"专业窗体"设计后外观样式的效果。

（3）打开设计的"专业窗体",切换到"设计视图"中,选择"专业 ID"标签控件,在功能

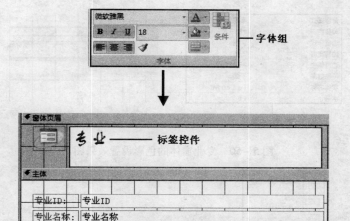

图 5-47 设计窗体标签控件的字体效果图

图 5-48 窗体外观样式列表框

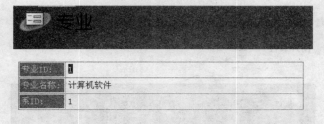

图 5-49 专业窗体外观效果图

区"工具"组中选择"属性表"命令,打开"专业 ID"控件的"属性表"对话框。在此对话框的
"格式"选项卡中设计标签控件的边框颜色为"红色",边框宽度为"2 磅",背景色为"紫色",
设置后的效果如图 5-50 所示。

(4)打开设计的"专业窗体",选择"专业 ID"、"专业名称"和"系 ID"控件,在功能区
"设计"选项卡的"网格线"组中选择"网格线"命令,将打开如图 5-51 所示的列表框。在此
列表框中选择"剖面线"网格,设置完成后切换到"窗体视图",设置后的效果如图5-52
所示。

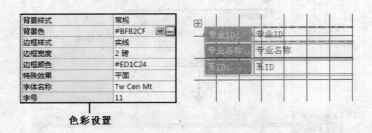

色彩设置

图 5 – 50　专业窗体的色彩设置效果图

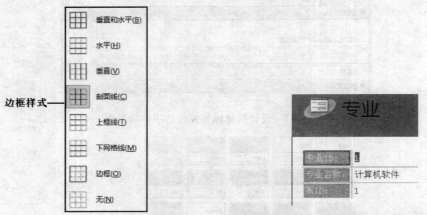

边框样式

图 5 – 51　设置网格线列表框

图 5 – 52　设置剖面网格后的效果图

　　（5）打开设计的"专业窗体"，切换到设计视图中，选择"窗体"控件，在功能区"工具"组中选择"属性表"命令，打开"窗体"控件的"属性表"对话框。在此对话框的"格式"选项卡中选择窗体控件中"图片"后面的文本框，打开"插入图片"对话框，选择一张图片作为窗体的背景，设置后的效果如图 5 – 53 所示。

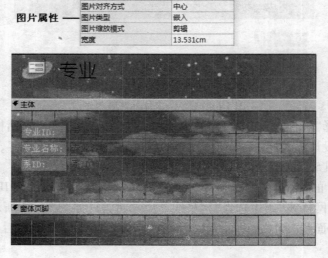

图片属性

图 5 – 53　设置窗体背景效果图

小资料　　　在 Access 2007 数据库中创建简单窗体,用户可以用鼠标右键单击窗体页眉栏,如图 5－54所示。在弹出的快捷菜单中选择"页面页眉/页脚"命令,为创建的窗体添加"页眉"或 "页脚"效果。

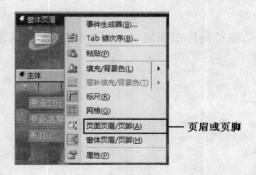

图 5－54　"页面页眉/页脚"列表框

5.3.5　拓展练习

利用窗体设计视图创建"学生窗体",并在此窗体中添加标签控件,其标题名称为"学生 信息",其数据源为"学生表"中的全部内容。

本章主要介绍了如何使用窗体向导或窗体设计器创建窗体以及如何在窗体中添加相关 的窗体控件,设置控件的字体、字形、字号、边框和背景样式等属性设置操作。同时,还向用 户介绍了有关属性表中包含的相关属性命令的设置。通过本章的学习,读者将对 Access 2007 数据库中的窗体对象有个比较概略的认识。

1) 填空题

(1) Access 2007 窗体中的三种视图分别是设计视图、_____和_____。

(2) 在 Access 2007 窗体的设计视图中,窗体页眉只显示在_____的顶部。

(3) 在 Access 2007 窗体中,提供标签控件的作用是_____。

(4) 在 Access 2007 窗体的属性表中,修改窗体对象的背景效果,将其背景设置为外部 存储的图片,需要在属性表"格式"选项卡的_____命令中设置。

2）简答题

（1）简述 Access 2007 窗体中标签控件的功能。

（2）简述 Access 2007 数据库窗体的作用。

（3）窗体的设计视图包括几个节。

3）上机题

创建一个"库存窗体"，在此窗体中添加一个文本框控件，用来输入表字段，并将此控件的数据源设置为"库存表"。

Access 2007

Loading...

第6章
报表设计

本章重点

▲ 报表的创建

▲ 设置报表的数据

▲ 创建高级报表

▲ 设置打印报表

      通过报表，用户可以从多个表中收集想要的数据，将报表看成是查看一个或多个表中数据记录外观最终打印的工具。Access报表是数据库中的一个容器对象，其内容包含若干数据源和一些其他对象，包含在报表对象中的这些对象也称为报表控件。设计一个Access报表对象，也就是在报表容器中合理地利用各个报表控件，按照相关的设置操作实现数据库应用系统中其他对象的输出显示效果。

6.1 创建报表

数据库中存储着大量的数据,这些数据总是以某种特定的关系组织在相互关联的各个数据表中。数据库中的查询和窗体对象,能够满足数据库应用系统对数据的交互式操作需求,也能够满足数据查阅的需要。如果用户要以打印表格的形式来显示或打印数据,即满足某种特定表格格式的需求,就需要使用报表对象才能实现。

6.1.1 实训目的

报表中的大部分数据都是从基表、查询或 SQL 语句中获得的,它们是报表对象的数据源。Access 报表对象的结构与窗体对象的结构相似,也是由五个节构成,它们分别是"报表页眉"节、"页面页眉"节、"主体"节、"页面页脚"节和"报表页脚"节。本次实训的主要目的是通过对"Database1"数据库中的"专业表"创建"专业报表"对象,介绍报表的种类、报表的工作视图的相关知识,使用户学会如何在数据库中利用报表向导或者报表设计器创建报表的相关设置操作。

6.1.2 实训任务

报表是 Access 数据库中的重要对象之一,主要通过调整报表上每个对象的外观来显示数据,汇总数据,根据制定的格式设计数据,并将其打印出来,展示给用户。报表的设计和窗体的设计有许多相似之处,窗体主要用于制作用户与系统交互的界面,而报表主要用于数据的打印输出操作。本次实训的主要任务是根据"专业表"来创建报表,使用户学会建立报表的方法,特别是如何利用设计视图创建报表的操作。

6.1.3 预备知识

使用报表,可以帮助用户很好地处理打印问题,并可根据需要对打印的格式进行设置。在 Access 2007 中,用户可以在功能区的"创建"选项卡的"报表"组中执行相应的命令创建报表,如图 6 - 1 所示。在创建报表的过程中,用户可以定义报表的外观和样式,并根据定义的内容切换相应的报表视图。

报表命令 ——

图 6 - 1　Access 2007 报表创建组

1）报表种类

（1）表格式报表。表格式报表又称为分组/汇总报表。在表格式报表中,表格是以行或列的形式显示数据的,一般每个记录显示为一行,每个字段显示为一列,在一页中显示多条记录,如图 6-2 所示。表格式报表为用户提供了多种功能,可以建立页码、显示报表日期、利用线条和方框将信息分隔。同时,用户还可以在报表中添加图片、商业图表或备注文本等。

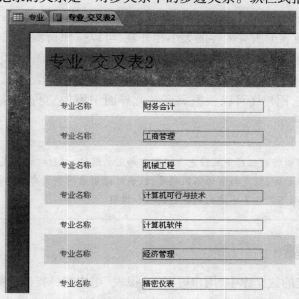

专业

专业ID	专业名称	系ID
1	计算机软件	1
2	计算机可行与技术	1
3	自动化处理	1
4	精细化工	2
5	经济管理	3
6	工商管理	3
7	财务会计	3
8	市场营销	3
9	机械工程	4
10	英语	5
11	日语	5
12	精密仪表	6
12		

图 6-2　表格式报表效果图

(2) 纵栏式报表。纵栏式报表又称为窗体报表,通常以垂直的方式在每页上显示一个或多个记录。纵栏式报表显示的数据与输入窗体的数据一样多,只不过是用来查看数据,而不是用来输入数据。在纵栏式报表中,用户可以采用多段来显示一条记录,也可以用多段来显示多条记录,这些记录的关系是一对多关系中的多边关系。纵栏式报表如图 6-3 所示。

专业_交叉表2

专业名称	财务会计
专业名称	工商管理
专业名称	机械工程
专业名称	计算机可行与技术
专业名称	计算机软件
专业名称	经济管理
专业名称	精密仪表

图 6-3　纵栏式报表效果图

（3）邮件标签式报表。邮件标签在报表里的应用相当广泛，通过邮件标签，用户可以查看到多个且数据格式相一致的标签，并且标签上将显示用户所指定的数据相关信息。标签式报表是报表的一种特殊形式，主要用于打印书签、名片、信封、邀请函等特殊用途。邮件标签式报表其效果如图6-4所示。

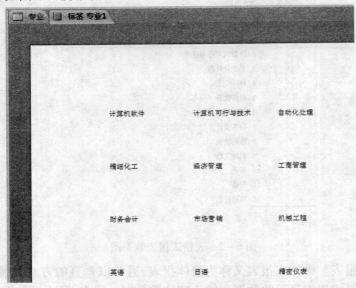

图6-4　邮件标签式报表效果图

2）报表界面

报表是将信息用打印机以打印形式输出、以打印形式展示数据的一种有效形式。使用报表，用户可以控制报表上所有内容的大小和外观，可以按照所需方式显示要查看的信息。当用户在功能区的"报表"组中选择报表创建命令后，将打开如图6-5所示的报表设计界面。此界面和窗体界面相同，分为页眉、页脚及主体三部分。报表页眉、报表页脚和报表主体又称为"节"。同时，用户还可以根据需要在此界面中添加"页面页眉"和"页面页脚"两节的内容。

 报表可以将数据库中的信息加以整理和汇总统计，以打印的格式静态地显示数据。虽然窗体也可以打印，但是与窗体不同的是，报表只能用来对数据库中的数据或计算结果进行浏览或打印，而不能在其中进行数据的输入和编辑。

6.1.4　实训步骤

在 Access 所创建的数据库中，用户可以在"报表"组中选择报表向导或设计视图创建报表，也可以在此组中选择"报表"命令来快速实现报表的自动创建操作。同时，用户还可以创建一个空白报表工作界面，在此界面中添加相应的控件来完成报表的创建操作。

1）使用向导创建报表

（1）利用向导可以创建出纵栏式和表格式两种类型的报表，只需要用户打开已建立的

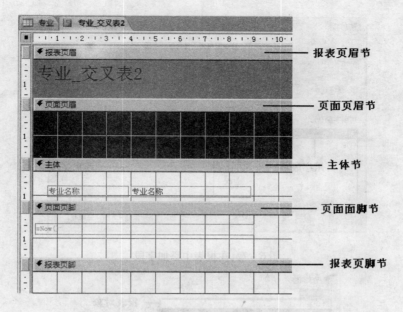

图6-5 报表界面

数据库文件,进入数据表视图,在"创建"选项卡的"报表"组中选择"报表向导"命令,即可打开如图6-6所示的"报表向导"对话框。

图6-6 "报表向导"对话框

(2)在打开的"报表向导"对话框中,在"可用字段"列表中列出了当前报表中所有字段,在"选定字段"列表中列出了当前需要显示的字段。当用户选择"可用字段"列表中的字段后,单击添加 [>] 按钮,将可用的字段加入到"选定字段"列表中,用来在报表中显示,如图6-7所示。

在图6-7所示的"报表向导"对话框中,用户可以在"表/查询"列表中,选择相应的表或查询,如图6-8所示。如果用户选择了两个表或查询中的字段,则可以建立多字段的报表设计。

(3)选择窗体中的字段后,单击"下一步"按钮将打开如图6-9所示的"报表向导"对话框。在此对话框中,用户可以确定报表是否添加分组级别以及分组字段的优先级别。

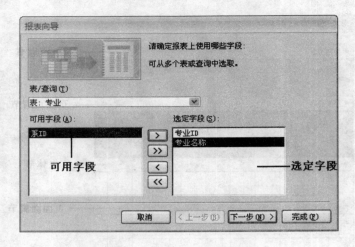

图 6 – 7　在报表中添加字段

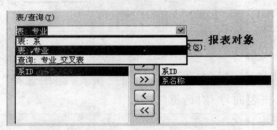

图 6 – 8　选择"表/查询"对象列表

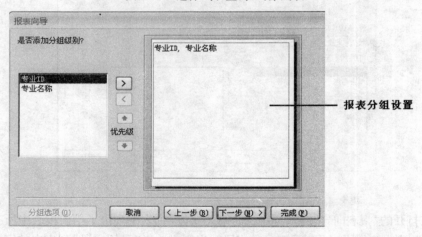

图 6 – 9　设置报表分组级别

　　(4)单击"下一步"按钮,用户将打开如图 6 – 10 所示的对话框,要求用户确定报表中需要进行排序的字段。选择相应的字段后,在右边将显示该字段的升降顺序,设置完成后,单击"下一步"按钮即可。

　　(5)当用户选择报表的排序字段后,单击"下一步"按钮,将打开如图 6 – 11 所示的对话框,要求用户指定报表的布局方式。系统提供的布局方式有六种,每当选择一种布局方式时,都可以在预览框中看到该布局方式的效果。

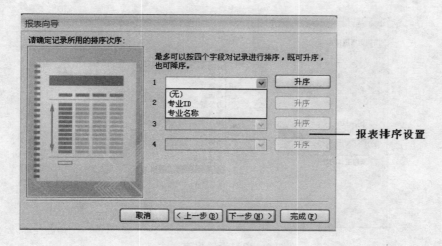

图 6-10　设置报表排序

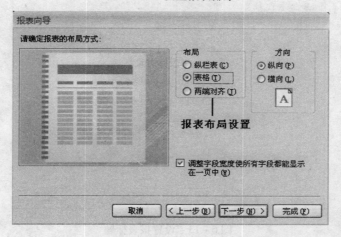

图 6-11　设置报表布局

（6）当用户选择报表的布局后，单击"下一步"按钮，将打开如图 6-12 所示的对话框，要求用户指定报表的显示样式。系统提供的样式有多种，每当选择一种样式后，都可以在预览框中看到该样式的效果。

（7）当用户选择报表的样式后，单击"下一步"按钮，将打开如图 6-13 所示的对话框，要求用户指定报表的标题名称，即可完成报表的设置操作。设置完成后的预览效果如图 6-14所示。

在图 6-13 所示的"报表指定标题"对话框中，用户还可以在"预览报表"和"修改报表设计"中选中"修改报表设计"前面的按钮，然后选择"完成"命令，表的上方将显示"报表设计"窗口，用户可以在此窗口里修改报表的设计。

2）使用设计器创建报表

（1）在多数情况下，使用报表向导创建的报表并不能完全满足用户的要求，用户可能希望对报表的细节作一些调整。此时，使用报表设计器可以完成对它们的修改。在设计视图

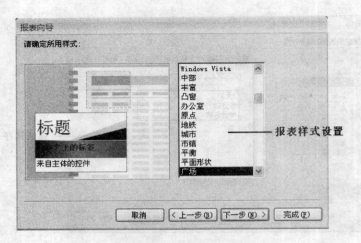

图 6 - 12　设置报表样式

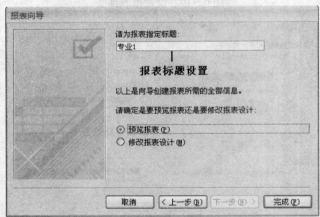

图 6 - 13　设置报表标题

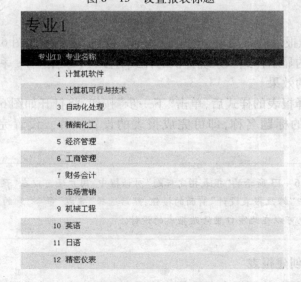

图 6 - 14　报表最终效果图

中创建报表,需要用户在"创建"选项卡的"报表"组中选择"报表设计"命令,即可打开如图6-15所示的"报表设计"视图窗口。

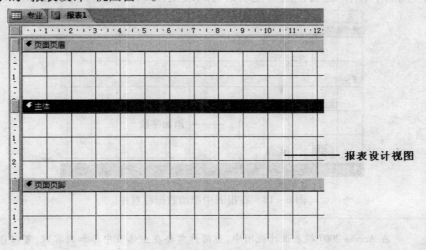

图6-15　报表设计视图窗口

当用户选择"报表设计"命令后,在功能区中将出现如图6-16所示的"报表设计工具"动态命令标签,在此标签中包含了有关报表的大部分操作命令。

图6-16　报表"设计"命令按钮组

(2)在"报表设计"视图中,用户可以选择相应的控件加入到此报表的页面页眉节中。如选择"标签"控件后,在设计窗口中光标变为 ⒶA 形状,按住鼠标左键拖动光标绘制出一个区域,并输入相应的文本提示信息"专业报表",如图6-17所示。

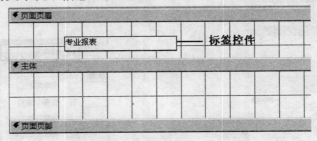

图6-17　在报表中创建标签控件

(3)在"报表设计"视图中,用户可以选择相应的字段加入到此报表的主体节中。如通过拖动的方式将"专业表"中的字段拖到主体节中,作为报表显示的字段。当字段添加到"报表设计"视图中,用户还可以通过拖动的方式改变控件的位置,其效果如图6-18所示。

图6-18　在报表中添加数据源对象

在 Access 2007 报表设计视图中,当用户需要在主体节中添加内容时,可以在功能区"设计"选项卡的"工具"组中选择"添加现有字段"命令,打开如图6-19所示的"字段列表"对话框。

在"字段列表"对话框中列出了当前数据库表中的所有字段,用户可以通过鼠标拖动的方式将字段列表中的相应字段拖到主体节中,作为报表最终显示的效果。

（4）当用户在"报表设计"视图的主体节中添加报表显示的字段效果后,就可以用鼠标右键单击所设计的报表标签,从弹出的如图6-20所示的快捷菜单中选择"保存"命令,这时将弹出"另存为"对话框,要求用户输入所创建的报表的保存名称"报表1",以完成对报表的最后操作。

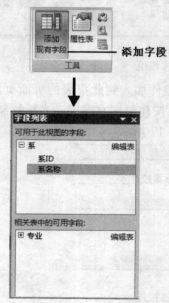

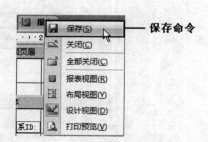

图6-19　字段列表对话框　　　　　图6-20　"保存"报表命令列表框

（5）在利用报表设计视图完成报表的设计操作后，用户可以在导航窗格中用鼠标右键单击创建的"报表1"，从弹出的如图6－21所示的快捷菜单中选择"打开"命令，观看报表的最终效果，如图6－22所示。

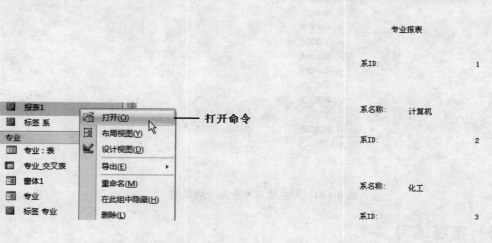

图6－21　"打开"报表命令列表框

图6－22　报表显示效果图

3）创建空报表

在Access 2007中，除了可以使用报表向导或报表设计视图创建报表外，用户还可以在功能区"创建"选项卡的"报表"组中选择"空报表"命令，创建一个空报表。空报表提供了设计报表的想象空间，用户可以根据自己的想象进行设计，当用户将字段列表窗口中的字段拖动到报表窗口里，系统将根据相应的字段生成报表效果，其设计窗口如图6－23所示。

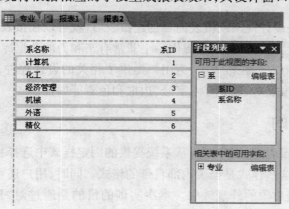

图6－23　空报表设计视图

　　　　　　在Access 2007数据库中创建简单报表，需要用户在导航窗格中单击选择希望在报表上显示的数据表或查询。在"创建"选项卡上的"报表"组中单击"报表"命令按钮，即可完成简单报表的创建操作，其效果如图6－24所示。

图6－24　创建简单专业报表效果图

6.1.5　拓展练习

在 Access 2007 中创建一个"学生管理"数据库，并在此数据库中建立一个"学生表"和"成绩表"，然后创建学生报表。

6.2　编辑报表

当用户利用报表设计视图或报表向导创建报表后，就可以在报表中编辑数据，特别是修改报表背景的内容设置，可以为用户提供一个非常有亲和力的数据库操作环境，使得数据库应用系统更加丰富、形象。在报表中，为用户提供了相关的设计控件，以实现报表的各种数据处理功能，并修改报表对象的字体、字号、边框和色彩等属性。

6.2.1　实训目的

在 Access 2007 报表中，用户可以从系统提供的固定样式中选择相应的格式来对报表的外观进行美化操作，这些样式是报表内部自带的格式。同时，用户还可以修改报表控件对象的属性表来设置报表对象的外观效果。本次实训的目的是通过对"Database1"数据库中的"系报表"进行编辑操作，使用户能学会利用属性表中的命令来设置报表的外观。

6.2.2　实训任务

在 Access 中，报表与窗体一样，也具有相应的报表页眉、报表页脚和报表主体节结构，同时，还具有报表控件或属性表等对象，其设置方法与窗体的设计方法相同，不同的是报表可以实现输出打印操作。本次实训的任务是向用户介绍如何在报表中设置报表背景以及设置报表控件内部文本的字形、色彩和边框等相关知识。

6.2.3　预备知识

1) 报表结构

报表由数据源和布局两个部分组成。数据源可以是数据库表、视图、查询和自由表。报表布局定义了报表打印的格式。设计报表就是根据报表的数据源来设计报表的布局。报表与窗体的一个不同之处就在于报表的设计视图将报表分成了多个节,用户可以对这多个节进行设计,从而生成用户需要的报表。

当用户打开报表的设计视图后,可以发现报表一般是由报表页眉、报表页脚和报表主体、页面页眉、页面页脚这几个节来控制不同的信息。报表中五个节的作用如表6-1所示。

表6-1　报表设计视图中节的作用

节	位　置	作　用
报表页眉	在设计视图的最上方,并出现在报表开始的位置	在一个报表中,报表页眉只出现一次。利用它可以显示徽标、报表标题或打印日期。报表页眉打印在报表第一页页面页眉的前面
页面页眉	在设计视图里位于报表页眉下方,在报表里位于每页的最上部	页面页眉可以显示报表里字段的标题,还可显示页码
主体	在设计视图里位于页面页眉下,占据了报表页面的主要部分,也占用了报表几乎所有的内容,可以说是五个报表节里最主要的	显示报表里记录的详细内容
页面页脚	在设计视图中位于主体下方,在报表每页的底部出现	一般用来显示页号等项目,不添加任何信息,但在这里,可以根据需要显示页码以及一些其他的信息
报表页脚	在设计视图中位于最下方,一般只在报表结尾处出现一次	利用它可以显示报表合计等项目,报表页脚是报表设计中的最后一节,但出现在打印报表最后一页的页面页脚之前

大视野　　在 Access 2007 的报表设计视图中,用户可以通过鼠标右键单击"主体"节,从弹出的快捷菜单中选择"页面页眉/页脚"或"报表页眉/页脚"命令,即可打开相应的节选项。

2) 报表控件

在 Access 2007 报表设计视图中,与窗体对象相同,也为用户提供了多个控件,主要有命令按钮、标签、文本框、组合框等,通过这些控件,用户可以完成报表的所有操作。当用户在导航窗格中单击要在报表上显示的数据表或查询后,在"创建"选项卡的"报表"组中选择"报表设计"命令,在"设计"选项卡的"控件"组中将列出常用的控件命令按钮(见

图 6 - 25），用户只需要通过拖动的方式，就可以将控件添加到"报表设计"视图中，以完成所需要的操作。

图 6 - 25　报表设计控件组

3）属性表

当用户创建好报表控件后，还可以在"工具"组中选择"属性表"命令，打开如图 6 - 27 所示的"属性表"对话框。在此对话框中，用户可以设置各个报表控件的结构、外观和属性以及它所包含的文本或数据的特性等设置操作。

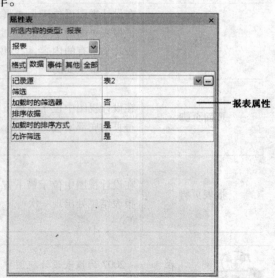

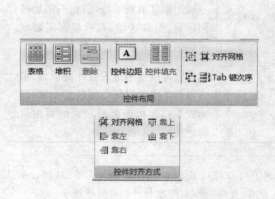

图 6 - 26　设计控件的布局选项组

图 6 - 27　报表"属性表"对话框

6.2.4 实训步骤

（1）当用户创建好一个数据库报表对象后，就可以设计报表的外观效果，以进行美化操作。设置报表外观，需要用户先打开"系报表"。在数据库的导航窗格中找到系报表的名称，单击鼠标右键，从弹出的快捷菜单中选择"设计视图"命令，将打开如图 6-28 所示的"系报表"设计界面。

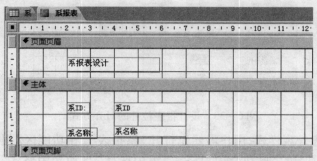

图 6-28　系报表设计视图

（2）在功能区"报表设计工具"动态命令标签的"设计"选项卡的"字体"组中，可以设置报表控件中文本的字体样式，如系报表中的标签控件，设计其字体为"宋体"、字号为"22"，居中排列，其效果如图 6-29 所示。

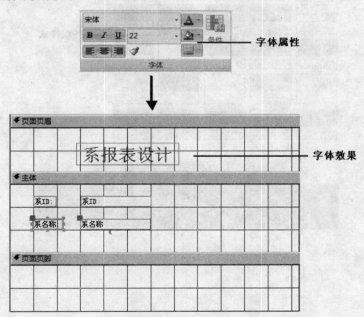

图 6-29　设计报表控件的字体效果

（3）在报表设计视图的主体节中，用户可以通过拖动鼠标左键的方式选中"系报表"主体节中的所有控件，在功能区"报表设计工具"动态命令标签"排列"选项卡的"控件对齐方式"或"位置"组中，设置选中控件的对齐方式为"对齐网格"、"靠下"的方式；在"位置"组中设置选中控件的排列方式为"增加垂直间距"，每单击一次鼠标左键，垂直间距会加大一定的距离,设置完成后的效果如图6-30所示。

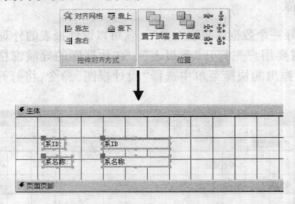

图6-30 设计报表控件的对齐方式

(4) 设置系报表外观样式,用户需要先打开"系报表",在功能区"报表设计工具"动态命令标签"排列"选项卡的"自动套用户格式"组中选择"自动套用格式"命令,即可打开如图6-31所示的下拉列表。用户可以在此列表中选择一种格式外观,对报表进行快速设计。"系报表"设计后的效果如图6-32所示。

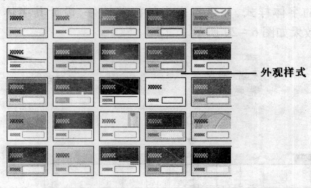

外观样式

图6-31 设计报表的外观样式

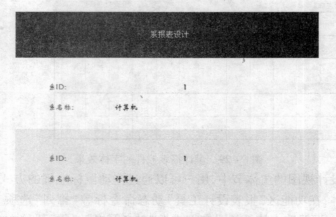

图6-32 系报表的外观显示效果图

（5）打开设计的"系报表"设计视图，选择"系 ID"标签控件，在功能区的"工具"组中选择"属性表"命令，打开"系 ID"控件的"属性表"对话框。在此对话框的"格式"选项卡中设计标签控件的边框颜色为"红色"，边框宽度为"2 磅"，背景色为"紫色"，设置后的效果如图 6 - 33 所示。

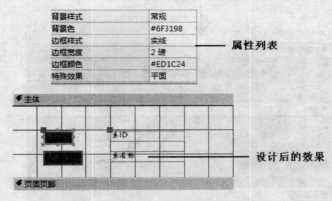

图 6 - 33　设计系 ID 控件的色彩样式效果图

（6）打开"系报表"设计视图，选择主体节中的所有控件，在功能区"排列"选项卡的"控件布局"组中选择"堆积"命令，设置完成后的效果如图 6 - 34 所示。

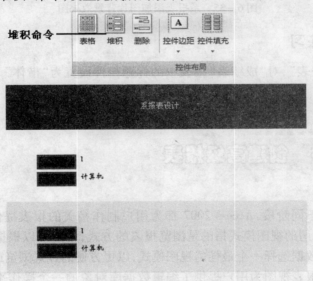

图 6 - 34　系报表的堆积效果

（7）打开"系报表"设计视图，选择"报表"控件，在功能区的"工具"组中选择"属性表"命令，打开"报表"控件的"属性表"对话框。在此对话框的"格式"选项卡中选择报表控件中"图片"后面的文本框，打开"插入图片"对话框，选择一张图片作为报表的背景，设置完成后的效果如图 6 - 35 所示。

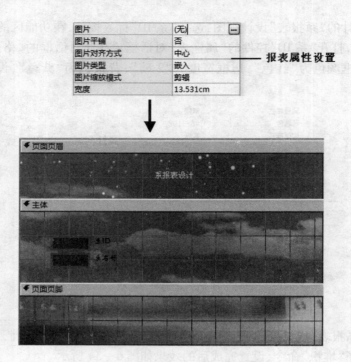

图 6 - 35   系报表添加图片背景效果图

6.2.5   拓展练习

创建"成绩表报表",对"成绩表"报表中的标题控件设置为"楷体"、字号为"21",颜色为"蓝色"。

 **6.3   创建高级报表**

在报表制作的不同阶段,Access 2007 都为用户制作精美的报表提供了不同的工作环境,被称为视图。所谓的视图模式指的是浏览报表的方式,用户可以根据视图模式的特点,为制作的不同报表数据选择一个最佳的视图模式,以更方便的方式浏览或编辑报表,实现所需要的各种操作。报表视图为用户提供了编辑数据库对象的一个操作平台,对报表的高级操作,如数据的排序或汇总,需要用户在相关的设计视图中进行,在报表视图中查看相应的结果,可方便地实现报表的设计工作。

6.3.1   实训目的

报表为用户提供了数据库中所包含对象的信息汇总,数据的分组,或者按照任意顺序对对象的排序操作。报表的主要功能有:数据的格式化;分组组织与汇总数据;可以实现计数、求平均、求和等计算。本次实训的主要目的是通过对"Database1"数据库中的"系报表"进行排序和汇总,使用户学会对报表中数据执行排序和汇总的操作方法。

6.3.2 实训任务

对于报表,用户除了可以对内容进行观看操作外,还可以实现对象的输出与打印设置,对报表中的数据进行排序与汇总等数据处理操作。本次实训的主要任务是向用户介绍 Access 2007 视图模式的切换操作,并通过这个过程向用户介绍在报表中设置报表数据分组和汇总的操作方法。

6.3.3 预备知识

在 Access 2007 中,为了方便用户对报表外观进行设计,特提供了三种报表视图,分别为布局视图、报表视图以及设计视图。选择报表视图,需要用户在功能区"报表设计工具"动态命令标签的"设计"选项卡的"视图"组中选择"视图"命令,将打开如图 6 – 36 所示的视图菜单。用户只需要在此菜单中选择相应的命令即可切换不同的视图。

1) 报表视图

报表不仅可以执行简单的数据浏览和打印操作,还可以对大量原始数据进行比较、汇总和排序。报表视图用于显示报表中的数据,其形式与表格基本上是一样的,如图 6 – 37 所示。在报表视图里,除了将报表视图转换到其他的视图外,不能对报表里的内容进行任何的其他操作。

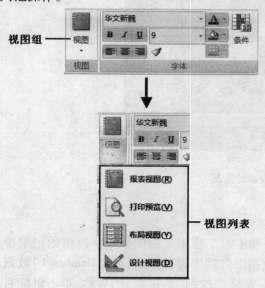

图 6 – 36 "报表视图"列表框

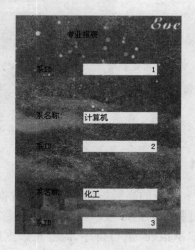

图 6 – 37 报表视图效果图

2) 布局视图

布局视图显示了报表的数据,在此视图中,用户可以选择报表里的记录,并可以对报表里的内容进行一些设计操作,如图 6 – 38 所示。在布局视图里,用户能够更加直接方便地更改报表的布局和外观。

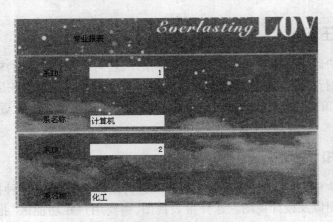

图6-38 报表布局视图

3）设计视图

设计视图用于显示报表记录中的数据,在此视图中包含了报表的各个节,如图6-38所示。在设计视图里,用户可以通过节对报表中的数据进行添加、删除、更改和设计操作。"系报表"的设计视图如图6-39所示。

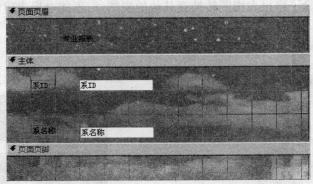

图6-39 报表设计视图

6.3.4 实训步骤

（1）报表的高级操作主要是指数据的排序和汇总。排序是指按某个字段值的记录排序,通过数据的排序可以将报表中的某个字段按指定的顺序进行排序。对"Database1"数据库中的"系报表"进行排序,需要在数据库的导航窗格中找到"系报表"的名称,单击鼠标右键,从弹出的快捷菜单中选择"设计视图"命令,进入"系报表"的设计视图界面中,其效果如图6-40所示。

（2）当用户进入"系报表"的设计视图中后,需要在报表的主体节上右键单击鼠标,在弹出的如图6-41所示的快捷菜单中选择"排序与分组"命令。

在"系报表"设计视图中,用户可以直接在"设计"功能区的"分组和汇总"组中单击排序按钮,也可以实现数据的排序和分组功能。

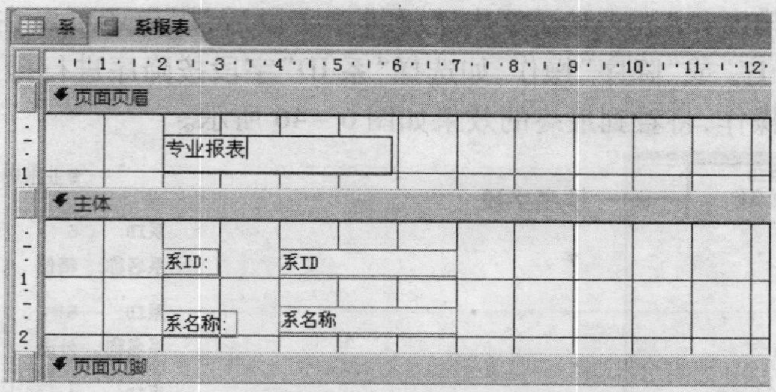

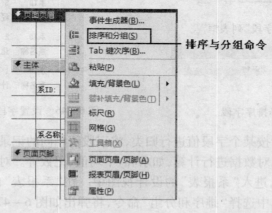

图6-40 系报表设计视图

图6-41 "排序与分组"命令列表框

（3）当用户选择"排序或分组"命令后，在报表窗口下方将弹出"分组、排序和汇总"对话框，如图6-42所示。在"分组、排序和汇总"对话框中，单击"添加排序"按钮，选择需要作为排序依据的字段，如图6-43所示。

图6-42 分组、排序和汇总对话框

图6-43 选择排序字段

（4）在"分组、排序和汇总"对话框中单击"排序依据 选择字段"右边的下拉按钮，将弹出如图6-44所示的快捷菜单，用户可以在此菜单中选择要排序的字段。默认情况下，排序是按从小到大的顺序进行的。

在"分组、排序和汇总"对话框中，用户也可以在表达式列表中设置多个字段的排序依据，排序的规则是按第一排序依据的字段进行，然后再按第二排序依据的字段进行排序。

（5）在"分组、排序和汇总"对话框中选择排序字段后，用户还可以在此对话框中设计排序的字段是按"升序"或"降序"操作，如选择"系 ID"字段按降序进行排列（见图 6–45），排序后执行"保存"操作，将看到最终的效果如图 6–46 所示。

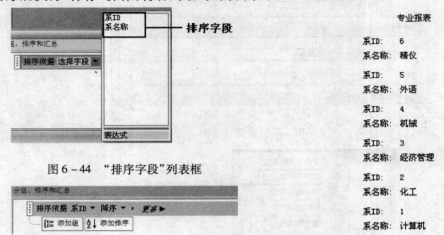

图 6–44 "排序字段"列表框

图 6–45 选择排序字段   图 6–46 设置字段排序后的效果图

（6）所谓分组，是指按某个字段值进行归类，将字段值相同的记录分在一组之中。当数据分组后，可以通过汇总对数据进行计算，如求和、平均值、记数等。对数据分组汇总需要打开分组汇总的"系报表"，进入"系报表"的设计视图中。在"系报表"的主体节上右键单击鼠标，从弹出的快捷菜单中选择"排序和分组"命令，将弹出如图 6–47 所示的对话框，从中选择"添加组"命令即可。

图 6–47 分组汇总设置视图

（7）当用户在"分组、排序和汇总"对话框中选择"添加组"命令后，在弹出的如图 6–48 所示的"表达式"窗口中选择分组的字段，如"系名称"字段，其效果如图 6–49 所示。

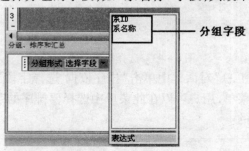

图 6–48 "分组字段"列表框

（8）在"分组、排序和汇总"对话框中选择分组的字段后，还可以在此对话框中设计分

图6-49 添加分组字段后的效果图

组的字段是按"升序"或"降序"操作,如选择"系名称"字段,按降序进行排列(见图6-50),排序后的效果如图6-51所示。

专业报表

系ID: 5
系名称: 外语

系ID: 6
系名称: 精仪

系ID: 3
系名称: 经济管理

系ID: 1
系名称: 计算机

系ID: 4
系名称: 机械

系ID: 2
系名称: 化工

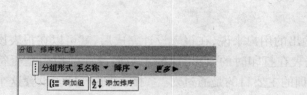

图6-50 设置分组字段的排序方式　　　　图6-51 添加分组排序后的效果图

(9)在"分组、排序和汇总"对话框选择分组的字段"系名称"按"降序"操作后,还可以在此对话框中单击"更多"按钮,打开如图6-52所示的"汇总"列表框,从中选择"汇总"的方式,如"最小值",设置完成后执行保存操作,其效果如图6-53所示。

专业报表

系ID: 5
系名称: 外语

系ID: 6
系名称: 精仪

系ID: 3
系名称: 经济管理

系ID: 1
系名称: 计算机

系ID: 4
系名称: 机械

系ID: 2
系名称: 化工

21

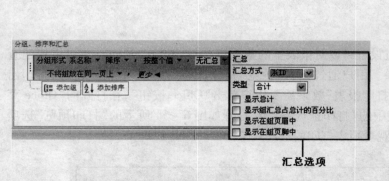
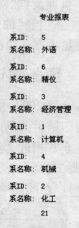

图6-52 "汇总方式"列表框　　　　图6-53 设置汇总后的效果图

6.3.5 拓展练习

打开创建的"专业表",创建"专业报表",并在此报表中设置"专业 ID"为排序字段,排序的方式是"升序"的操作。

6.4 设置打印报表

Access 2007 报表的设计视图用于报表数据、格式的设计;打印预览视图用于预览报表打印输出页面格式的设计;版面预览视图用于查看报表的版面设置。对于创建好的报表,用户可以通过相关的打印命令观看效果,同时,还可以设置报表在打印输出时的纸张,报表数据的显示方式。

6.4.1 实训目的

对于所设计的报表专用于打印输出的用户来说,在报表设计完成后,就可以在报表设计视图中选择"打印预览"命令,观看报表在打印时的效果,以确定当前设计的报表是否符合要求,最后再执行打印操作。本次实训的主要目的是通过对"系报表"进行打印设置这个过程,使用户学会如何在报表中设置打印报表的纸张、方向、打印份数等相关操作知识。

6.4.2 实训任务

由于不同呈现格式的分页方式不同,对于用户所设计出来的报表的每种呈现格式来说,用户可能无法获得最佳的打印输出效果。这时,用户就可以利用报表设计中的"打印"命令,打开"页面设置"对话框,对报表的页面进行设置。本次实训的任务是设置"Database1"数据库中"系报表"的打印输出效果,使用户学会如何设置报表打印纸张类型、打印份数以及打印的显示方式等操作。

6.4.3 预备知识

在 Access 2007 中,通过设置可以对报表里的数据进行打印操作,通过预览可以快速查看报表打印结果的页面效果。用户通过"打印预览"命令所看到的效果与报表实际打印出来的效果非常相近。观看"打印报表"效果需要用户单击"Office 按钮",在打开的"Office 菜单"中选择"打印"命令列表中的"打印预览"命令,打开如图 6－54 所示的"打印预览"选项卡,用户可以在此选项卡中观看报表打印的最终效果。

图 6－54 "打印预览"选项卡

在"打印预览"选项卡的"关闭预览"组中选择"关闭打印预览"命令,即可关闭打印的报表效果,进入报表的原始视图中。在"打印预览"选项卡的"显示比例"组中,用户可以选择"显示比例"命令,将打开如图6-55所示的列表,在此列表中可以设置显示的比例。

在"打印预览"选项卡的"页面布局"组中选择"页面设置"命令,将打开"页面设置"对话框,如图6-56所示。在此对话框中,用户可以设置报表的打印方式是横向或纵向打印,还可以设置打印页的显示比例和纸张等选项。

在报表的设计视图中,用户可以通过"设计"选项卡"视图"组中的"视图"命令,在打开的列表中选择"打印预览"命令,也可以观看到报表的打印效果。

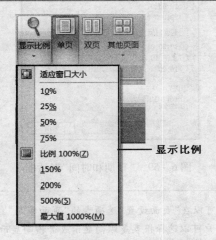

图6-55　报表"显示比例"列表框

图6-56　"页面设置"对话框

6.4.4　实训步骤

(1) 当用户通过"打印预览"命令查看系报表的整体效果后,在进行打印操作前还可以根据自己的需要对打印页面进行设置,使打印的形式和效果更符合实际需要。与Office其他软件相比,报表的页面设置需要用户在"页面设计"选项卡的"页面布局"组中单击"页面设置"按钮,打开如图6-57所示的"页面设置"对话框。

图6-57　页面布局选项组

(2) 在"页面设计"选项卡的"页面布局"组中,用户可以选择"纸张大小"命令,打开如图6-58所示的列表框,在此列表中设置纸张的大小,可以选择A4或B5纸张等常用的纸张大小。用户可将"系报表"的纸张设计为A4纸。

（3）在"系报表"设计视图中,用户可以在"控件"组中选择"日期和时间"控件,将打开"日期和时间"对话框。在此对话框中,用户可以设置是否在打印系报表时,在报表页眉中添加日期和时间选项。系报表添加日期的格式如图6-59所示。

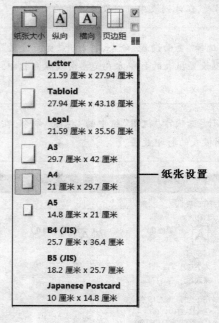

—— 纸张设置

图6-58 "纸张大小设置"列表框

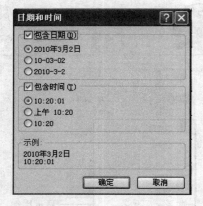

图6-59 "日期和时间"对话框

当用户对报表进行打印方向设置操作时,可以在"页面设置"选项卡的"页面布局"组中,单击"横向或纵向"按钮,如图6-60所示。用户可以选择报表是纵向显示或者横向显示。

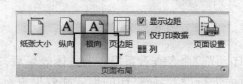

图6-60 设置报表的显示方向

（4）在"系报表"设计视图中,用户可以在控件组中选择"页码"控件,将打开如图6-61所示的"页码"对话框。在此对话框中,用户可以设置是否在打印"系报表"时,在报表页脚中添加页码选项,其设置效果如图6-62所示。

（5）在"页面设置"对话框中,用户完成"系报表"的相关打印设置操作后,就可以通过单击"Office 按钮",在展开的"Office 菜单"中选择"打印"命令,并在打开的下一级菜单中单击"打印"按钮,即可调出如图6-63所示的"打印"对话框。

（6）在打开的"打印"对话框中,用户可以在"打印范围"选项组中,设置报表全部打印只需要选中"全部内容"命令前面的按钮。同时,用户也可以选中"页"前面的按钮,在其后面的文本框中输入需要打印报表的页编号,即可实现打印指定报表页的操作,如图6-64所示。

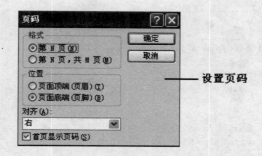

图 6-61 "页码"对话框

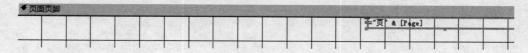

图 6-62 设置报表页码效果图

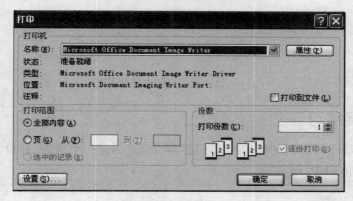

图 6-63 "打印"对话框

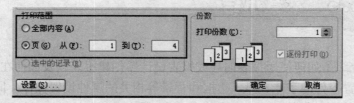

图 6-64 设置报表的打印内容

在"打印"对话框中,用户可以在"份数"选项中设置报表在打印时的数量,也可以直接在"打印份数"数值框中输入数据,如"4"份,还可以通过数值框中的上下箭头进行数字选择,并且设置打印份数是否逐份打印。逐份打印则打完一份之后再打印第二份,如果不选择这个复选框,系统会一页一页地进行打印操作。

(7) 当对"系报表"的打印设置操作完成后,用户可以观看到如图 6-65 所示的最终效果。但在实际打印时,这种最终效果是以纸张的形式表现出来的。

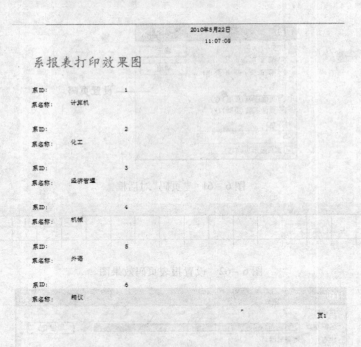

图 6 – 65   报表打印内容效果图

6.4.5   拓展练习

根据"学生管理"数据库中的内容,通过"学生表"创建一个报表,并设置报表的打印纸张为"A4",打印方向为"横向"。

本章主要介绍了如何使用报表向导或报表设计器创建报表以及如何在报表中添加相关的报表控件,设置控件的字体、字号、边框和背景等相关的属性设置操作。同时,还介绍了有关报表中数据的排序、分类汇总和打印设置操作。通过本章的学习,读者将对 Access 2007 数据库中报表对象有个比较概略的认识。

1) 填空题

(1) 在 Access 2007 中,创建报表的两种方式:使用报表向导和使用_____视图创建。

(2) 在 Access 2007 中,报表共有_____视图。

（3）在 Access 2007 中，报表共有几种_____类型

（4）用 Access 2007 中，在报表中添加页码需要在_____中进行。

2）简答题

（1）简述在 Access 2007 报表中添加日期和时间的方法。

（2）简述利用报表向导创建快速报表的方法。

（3）在报表视图中，如何对报表数据源中的字段进行排序操作。

3）上机题

在"我的电脑"D 盘中有一个"产品销售"数据库，针对"产品销售"数据库，按照产品编号进行分组，输入带有日期和时间的报表。

Access 2007

Loading...

第7章
宏 设 计

本章重点

▲ 宏与宏组的概念

▲ 宏的创建

▲ 在窗体和报表中使用宏

▲ 宏的执行与调试

　　在实现打开某个窗体或打印某个报表的操作时，会遇到宏。用户通过宏可以自动执行重复的任务，还可以定义宏来执行键盘或鼠标启动时的任何操作，可以保证工作的一致性，避免因忘记操作步骤而引起不必要的麻烦，从而提高工作效率。宏是由一些操作和命令组成的，其中每个操作都可以实现特定的功能，并使普通的任务自动完成，而不需要编程即可实现对数据库对象的管理。

7.1 创建宏

宏是一个或多个操作对象的集合,其中每个操作对象都能够完成一个指定的动作,如打开窗体、关闭表、显示工具栏、运行报表以及打开数据库的一系列操作等,使用宏可以很方便地管理数据库。它可以简捷迅速地将已经创建的数据库对象联系在一起,而不用记住各种语法规则,并且每个操作参数都显示在"宏"窗口的下半部分。

7.1.1 实训目的

在 Access 2007 中,利用宏可以实现打开或关闭窗体及报表,显示或隐藏工具栏,检索并更新特定记录的操作。具体来讲,宏是用来自动完成特定任务的操作或操作集,即它是一个或多个操作的集合,其中每个操作都可以实现特定的功能。本次实训的主要目的是通过"Database1"数据库中的宏命令实现打开"专业表"的操作,使用户学会创建宏的操作步骤。

7.1.2 实训任务

宏是一组编码,利用它可以提高数据库中数据的管理能力。宏包含的是操作序列,它由一连串的动作组成,每个动作在运行宏时由前到后依次执行。通过宏操作,用户能够有次序地自动执行一连串的动作,如可以完成排序、查询、显示窗体、打印报表等各种操作。在使用宏来完成数据库的相关操作时,只需要给出宏中所用到的操作数名称、条件和参数,系统就可以自动完成指定的动作。本次实训的任务是通过数据库中的宏命令,实现打开"专业表"的操作,要求用户学会如何在数据库中完成创建宏的知识。

7.1.3 预备知识

宏是一种工具,用户可以用它来自动完成数据库的各种任务,并执行窗体、报表和控件中可以执行的操作。在 Access 2007 中,用户可以将宏看作是一种简化的编程语言,这种语言是通过生成一系列要执行的指令操作来编写的。在使用宏之前,要创建宏。创建宏可以在功能区"创建"选项卡的"其他"组中选择"宏"命令即可,如图 7 - 1 所示。

图 7 - 1 创建宏对象选项组

1）宏与宏组

（1）宏。Access 2007 数据库中的宏可以用来自动完成某些特定的任务。它是由一种或多种操作组成的集合，其中每种操作都可以实现特定的功能，如图7-2所示。把"OpenForm"、"CloseDatabase"、"Closse"三个操作放在一起，即可实现关闭当前数据库的操作。

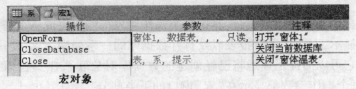

图 7-2   宏操作集合

（2）宏组。"宏"这一术语通常是用来指独立的宏对象。在实际应用中，一个宏对象可以包含多个宏，在这种情况下，它被称为宏组。宏组是以单个宏对象的形式显示在导航窗格中，一个宏组实际上包含多个宏。将完成同一项功能的多个宏组成一个宏组，可便于数据库的管理，如图7-3所示，是将"系窗体"宏和"专业报表"宏结合在一起，从而构成了一个宏组。

宏名	操作	参数	注释
系窗体	OpenForm	窗体1，数据表，，，只读，	打开"窗体1"
	CloseDatabase		关闭当前数据库
	Close	表，系，提示	关闭"窗体温表"
专业报表	Close	报表，专业1，提示	关闭"专业"报表

图 7-3   宏组窗口

    宏名是用来定义一个或一组宏操作的名字，在执行宏操作时，用户只要直接运行宏对象的名称即可引用宏。如果宏对象仅仅包含一个宏，则宏名不是必需的；但对于宏组，用户必须为每个宏指定一个唯一的名称。

用户可以为宏组中的每个宏指定名称，并且可以通过添加条件来控制每个宏操作的运行方式。

在宏设计中，添加宏名需要用户在功能区"宏工具"动态命令标签"设计"选项卡的"显示/隐藏"组中单击"宏名"按钮（见图7-4），在宏设计器上将出现一个"宏名"列。

宏名命令

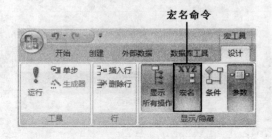

图 7-4   "显示/隐藏"组

宏名用于标识宏。在宏组中执行宏时,系统将会按照顺序执行宏操作列中的动作;当宏操作列中的"宏名"列为空时,系统将立即执行下一个操作。调用一个宏组中的宏格式为:宏组名.宏名。例如,引用"按钮"宏组中的"雇员"宏,可以使用语句:按钮.雇员。

2) 条件操作

条件操作是指在满足一定条件时才执行宏中的某个或某些动作。条件是指在执行宏操作之前必须满足的某些标准,用户可以使用计算结果等于"True/False"或"是/否"的条件表达式来设定,以条件表达式的真假决定是否执行宏中的操作。宏条件与宏名一样,用户可以在功能区"宏工具"动态命令标签"设计"选项卡的"显示/隐藏"组中单击"条件"按钮,就会在宏设计器上出现了一个"条件"列,如图7-5所示。

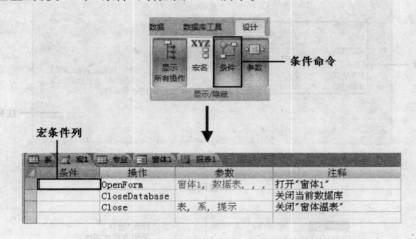

图7-5 设计宏操作条件窗口

3) 宏界面

当用户在功能区"创建"选项卡的"其他"组中选择创建"宏"命令后,即可进入宏的设置界面中,其效果如图7-6所示。在此界面中,用户可以看到宏是由相关的命令按钮、操作列和操作参数组成的。

在默认情况下,宏单列表是由操作列、参数列和注释列组成。操作参数栏用于设置宏操作命令的参数。当用户选定具体的操作命令后,此操作命令的参数才会显示出来,供用户设置。

Access 2007 宏生成器的一项新功能是参数列,用户可以在宏操作所在的行上,查看该操作的参数。参数是一个值,它向操作提供信息,例如,在消息框中显示字符串、要操作的控件等,有些参数是必需的,有些参数是可选的。用户需要显示参数列,可以单击"设计"选项卡上的"显示/隐藏"组中的"参数"命令按钮即可,如图7-7所示。

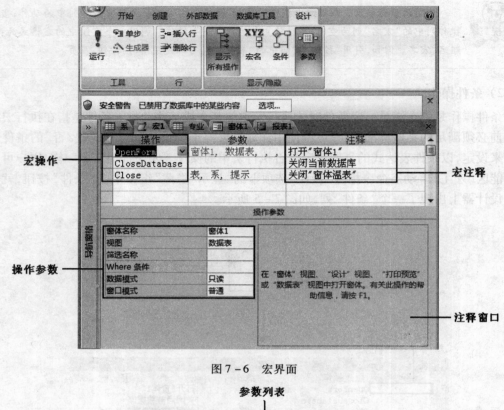

图 7-6 宏界面

参数列表

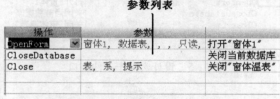

图 7-7 宏参数设置窗口

7.1.4 实训步骤

（1）在"Database1"数据库窗口中打开创建的"专业表"，在功能区"创建"选项卡的"其他"组中选择"宏"命令，进入宏界面。首次打开宏生成器时会显示操作列、参数列和注释列。单击"操作列"下表格的右侧下拉按钮，将出现如图 7-8 所示的"操作列表"。

（2）在图 7-8 打开的操作列表中，用户可以选择所使用的操作，如选择"OpenForm"命令，这时用户就可以根据自己的需要在操作参数中设置相关参数的值。同时，在窗体的参数列中，将出现相应的参数设置选项，在窗体操作中还会出现相关的操作注释，如图 7-9所示。

 宏设计窗口分为上下两个部分，它的结构和 Access 表设计视图的结构相同。在宏窗口的上半部分包含了操作列、参数列和注释列，在其下半部分显示的是操作参数列表，用来定义宏操作的参数。

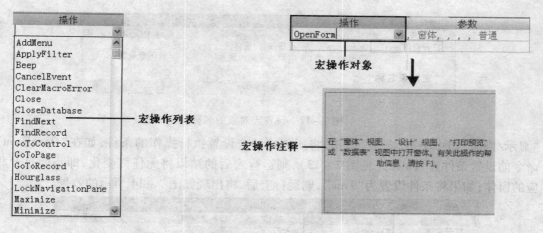

图 7－8　宏操作列表　　　　　　　　　　图 7－9　宏操作注释窗口

（3）当选择宏对象"OpenForm"命令后，用户可以在"操作参数"的左侧输入和编辑参数，右侧会显示一个说明框，对每个操作或参数进行简短说明。单击一个操作或操作参数即可在该框中看到该操作参数的说明，如设置"OpenForm"命令的参数（见图 7－10）。

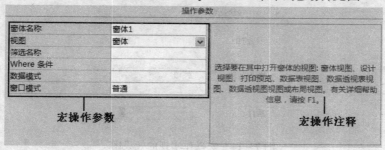

图 7－10　宏操作参数设置窗口

（4）当用户在宏内设置了一个操作对象后，还可以继续添加第二个操作，其方法与操作"OpenForm"命令的方法相同。在操作列"OpenForm"命令的下一行表格右侧下拉按钮上单击鼠标左键，从弹出的操作列表中选择"Close"命令，并设置操作参数的对象类型为"表"，对象名称为"专业"，如图 7－11 所示。

图 7－11　设置宏操作参数窗口

（5）当用户在宏中设置操作对象后，在功能区"宏工具"动态命令标签"设计"选项卡的"显示/隐藏"组中单击"宏名"按钮，将所创建的宏命名为"打开窗体"，如图 7－12 所示。

（6）当用户在宏中设置宏名操作后，在功能区"宏工具"动态命令标签"设计"选项卡的

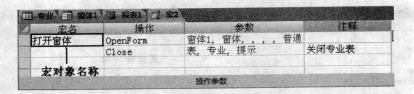

图 7 - 12　设置宏对象的名称

"显示/隐藏"组中单击"条件"按钮,将所创建的宏设置执行操作的条件,如在"OpenForm"命令前设置条件为"False"(见图 7 - 13),则运行宏后的结果将无任何变化,即不能打开相应的窗体;如果将条件设置为"True",则运行宏后,将出现如图 7 - 14 所示的效果。

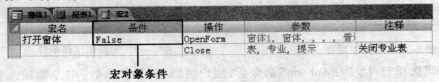

图 7 - 13　设置宏操作的条件

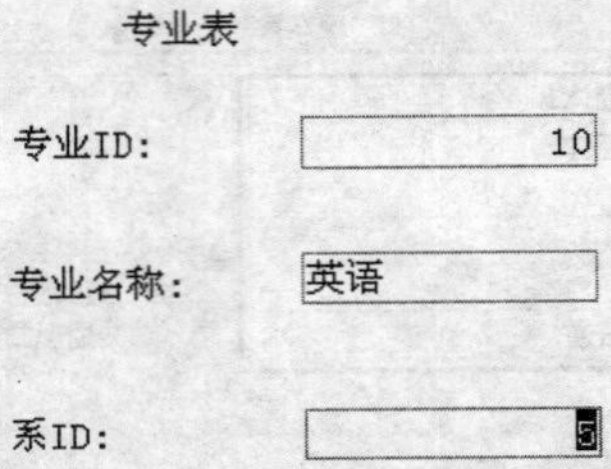

专业表

专业ID:　　　　　　　　10

专业名称:　　　　英语

系ID:　　　　　　　　　8

图 7 - 14　宏操作实现的效果图

在 Access 2007 数据库中创建第一个宏对象后,就可以在"设计"选项卡的"显示/隐藏"组中选择"宏名"命令,在操作窗口中输入第二个宏对象的内容,并设置相应的宏名,如图 7 - 15所示,除了设置"打开窗体"宏外,还可以设置"关闭表"宏操作对象。

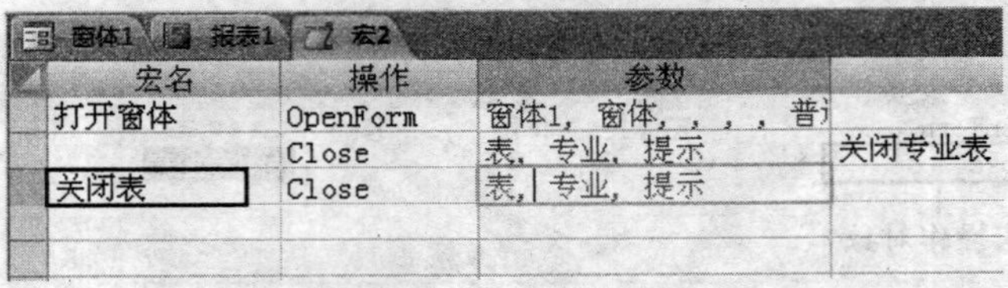

图 7 - 15　创建多个宏对象窗口

7.1.5　拓展练习

在 Access 2007 中创建一个"学生管理"数据库,并在此数据库中建立一个"学生"宏和"成绩表"宏,构成一个宏组。

7.2　设置宏对象

宏的操作是非常丰富的,如果用户只是做一个小型的数据库,程序的流程用宏就可以完全实现,而不需要使用编程语句。通常情况下,在确保宏的设计无误之后,用户就可以将宏附加到窗体、报表或控件中,对事件做出响应。Access 2007 为用户提供的宏操作有五十多种,有的宏操作是没有参数的,而有的宏操作必须指定参数。在宏的运行过程中,系统是按宏操作的排列顺序来执行的,所以选择宏操作对象的存放位置,将决定该操作的执行顺序。

7.2.1　实训目的

在 Access 2007 中,用户使用宏来操作数据库中的对象是很方便的,它不需要用户记住各种语法,也不需要进行编程,只需要利用几个简单的宏操作,就可以将已经创建的数据库对象进行统一管理。本次实训的目的是通过命令按钮设置宏,实现打开"专业表"的操作,使用户学会宏操作的设置以及宏命令和属性表的相关知识。

7.2.2　实训任务

利用宏可以实现数据库中其他对象的大部分操作,并且可以不用编写程序。用户可以将宏与数据库中的对象或控件建立起联系,通过操作这些对象或控件,起到调用宏实现特定功能的作用。本次实训的主要任务是在"Database1"数据库"专业窗体"中添加命令按钮,实现打开"专业表"的操作,使用户对宏的功能和相关知识有进一步的了解。

7.2.3　预备知识

操作是宏的基本构建基块,Access 为用户提供了大量操作,这些宏操作几乎涵盖了数据库管理的全部细节,用户可以从中进行选择,创建各种命令。在宏操作中,一些常用的操作可以是打开报表、查找记录、显示消息框,或对窗体或报表应用筛选器,表 7 – 1 是按照宏操作可以实现的功能进行的分类,供用户在设计宏时参考。

表 7 – 1　常用的宏操作命令

功能分类	宏命令	说　　明
	OpenDataAccessPage	在页视图或设计视图中打开数据访问页
	OpenForm	在窗体视图、窗体设计视图、打印预览或数据表视图中打开窗体
打开	OpenModule	在指定过程的设计视图中打开指定的模块
	OpenQuery	打开选择查询或交叉表查询
	OpenReport	在设计视图或打印预览视图中打开报表或立即打印该报表
	OpenTable	在数据表视图、设计视图或打印预览中打开表

（续表）

功能分类	宏命令	说 明
查找、筛选记录	ApplyFilter	对表、窗体或报表应用筛选、查询或 SQL 的 WHERE 子句，以便限制或排序表的记录以及窗体或报表的基础表，或基础查询中的记录
	FindNext	查找符合最近 FindRecord 操作或查找对话框中指定条件的下一条记录
	FindRecord	在活动的数据表、查询数据表、窗体数据表或窗体中，查找符合条件的记录
	GoToRecord	在打开的表、窗体或查询结果集中指定当前记录
	ShowAllRecords	删除活动表、查询结果集或窗体中已应用过的筛选
焦点	GoToControl	将焦点移动到打开的窗体、窗体数据表、表数据表或查询数据表中的字段或控件上
	GoToPage	在活动窗体中，将焦点移到指定页的第一个控件上
	SelectObject	选定数据库对象
设置值	SendKeys	将键发送到键盘缓冲区
	SetValue	为窗体、窗体数据表或报表上的控件、字段设置属性值
更新	RepaintObjet	完成指定的数据库对象的屏幕更新，这种更新包括控件的重新设计和重新绘制
	Requery	通过重新查询控件的数据源来更新活动对象控件中的数据。如果不指定控件，将对对象本身的数据源重新查询
打印	PrintOut	打印活动的数据表、窗体、报表和模块，效果与打印命令相似，但是不显示打印对话框
控制	RunCommand	执行 Access 功能区中的内置命令
	RunMacro	执行一个宏
	RunSQL	执行指定的 SQL 语句以完成操作查询，也可以完成数据定义查询
	StopAllMacros	终止当前所有宏的运行
	StopMacro	终止当前正在运行的宏
窗口	Maximize	放大活动窗口，该操作不能应用于 Visual Basic 编辑器中的代码窗口
	Minimize	缩小活动窗口，该操作不能应用于 Visual Basic 编辑器中的代码窗口
	MoveSize	移动活动窗口或调整其大小
	Restore	将已最大化或最小化的窗口恢复为原来大小
复制	CopyObject	将指定的对象复制到不同的 Access 数据库，或复制到具有新名称的相同数据库。使用此操作可以快速创建相同的对象，或将对象复制到其他数据库中

（续表）

功能分类	宏命令	说　　明
删除	DeleteObject	删除指定对象;未指定对象时,删除数据库窗口中指定的对象
重命名	Rename	重命名当前数据库中指定的对象
保存	Save	保存一个指定的 Access 对象,或保存当前活动对象
关闭	Close	关闭指定的表、查询、窗体、报表、宏等窗口或活动窗口,还可以决定关闭时是否要保存更改
	Quit	退出 Access
导入导出	OutputTo	将指定的数据库对象中的数据以某种格式输出
	SendObject	效果与发送命令一样,该操作的参数对应于"发送"对话框的设置,但"发送"命令仅应用于活动对象,而 SendObject 操作可以指定要发送的对象
	TransferDatabase	在当前数据库与其他数据库之间导入或导出数据
	TransferSpreadsheet	在当前数据库与电子表格文件之间导入或导出数据
	TransferText	在当前数据库与文本文件之间导入或导出文本

　　Access 为用户提供了五十多种宏操作,它们和内置函数一样,可为应用程序的设计提供各种基本功能。用户使用宏来管理数据库非常方便,因为它不需要记住语法,也不需要编程,只需要利用几个简单的宏操作就可以完成一系列的操作。

7.2.4　实训步骤

　　（1）利用宏操作在窗体中实现打开数据库中"专业表"的操作,需要用户进入"Database1"数据库的设计界面中。然后在功能区"创建"选项卡的"窗体"组中选择"窗体设计"命令,进入"窗体设计"视图,如图 7－16 所示。

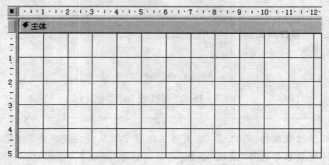

图 7－16　窗体设计视图

　　（2）在"窗体设计"视图的主体节中,用户需要在功能区"设计"选项卡的"控件"组中,选择"命令"控件按钮 ▭▭▭▭ ,出现 ＋▭ 标志,在主体节中拖动鼠标左键绘制命令按钮的区域,最后输入按钮的标题为"打开专业表",设置完成后的效果如图 7-17 所示。

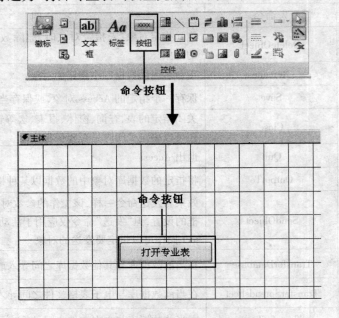

图 7-17 添加命令按钮效果图

(3) 当用户在数据库窗体的主体节中添加"打开专业表"命令按钮后,需要在功能区的"工具"组中选择"属性表"命令,打开"属性表"对话框,从中选择"事件"选项卡,如图 7-18 所示。

图 7-18 "属性表"对话框

打开属性表操作,用户可以在窗体主体节中用鼠标右键单击"打开专业表"命令按钮,从弹出的快捷菜单中选择"属性"命令,也可以打开"属性表"对话框。

(4) 在"属性表"对话框的"事件"选项卡中,用户需要单击"单击"选项后面的对话框启动器按钮□,然后单击"确定"按钮,打开如图 7-19 所示的宏生成器设置窗口。在此窗口中,用户需要选择"OpenForm"宏操作,此操作是在当前的视图中打开设置的对象。在"操作参数"窗口中,设置窗体的名称为"专业",视图为"数据表",其他参数选项保持系统的默认设置,设计完成后即可选择"关闭"按钮⊠,切换到窗体视图中。

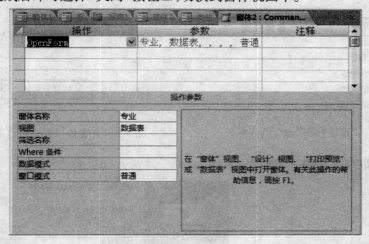

图7-19　宏生成器设置窗口

　　　　如果用户对创建的宏操作需要进行更改,可以选择链接的对象,右击"打开专业表"命令按钮,在其"属性表"窗口的"事件"选项卡中选择"单击"选项,即可进行更改。

（5）在窗体的设计视图中,用鼠标右键单击所创建的窗体选项卡,从弹出的如图7-20所示的"另存为"对话框中设置窗体的名称为"窗体2"。

窗体名称————

图7-20　"另存为"对话框

（6）在"窗体2"的设计视图中用鼠标右键单击"窗体2"选项卡,从弹出的如图7-21所示的快捷菜单中选择"窗体视图",切换到"窗体视图"中观看窗体的效果,如图7-22所示。

（7）在"窗体2"的窗体视图中用鼠标单击"打开专业表"命令按钮,将观看到宏操作所实现的功能,即打开当前数据库中创建的"专业表",其效果如图7-23所示。

小资料　　　　用户除了可以在数据库窗体中使用命令按钮中的属性表来创建窗体的宏操作外,还可以使用向导来创建。

当用户在窗体的主体节中放入命令按钮后,即可打开如图7-24所示的"命令按钮向导"对话框。在此对话框中,用户可以在类别中选择"杂项",在操作中选择"运行宏"命令,然后按向导的提示,即可完成相应的宏操作。

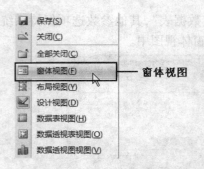

图 7-21 "窗体视图"命令列表框　　　　图 7-22　窗体设置宏操作后的效果图

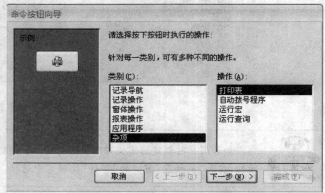

图 7-23　专业表效果图　　　　　　　图 7-24　"命令按钮向导"对话框

7.2.5　拓展练习

创建"库存管理"数据库,在此数据库中创建"库存"窗体,在此窗体中利用宏操作,打开"库存表"。

7.3　宏的执行与调试

在 Access 2007 中,可以将宏看作是一种简化的编程语言,这种语言是通过添加相关的宏操作来生成一系列要执行的指令条数,是一种自含式指令。它可以与其他操作相结合来自动执行任务,如在窗体中通过宏对象来调用相关的报表操作。通过使用宏,用户不需要在Visual Basic for Application(VBA)中编写基于 Microsoft Windows 的应用程序或代码,即可在窗体、报表和控件中实现各种操作。

7.3.1　实训目的

创建宏所需的基本操作都是由系统提供的,用户只需要对其中的一些属性进行设置,然后就可以利用功能区中的"运行"命令来查看宏对象所实现的效果。本次实训的主要目的是通过对"Database1"数据库中"宏 1"对象进行调试的过程,使用户学会对创建好的宏进行插入、复制粘贴、删除以及运行并调试宏的操作方法。

7.3.2 实训任务

当完成一个宏的建立之后,还常常会根据实际中的需要向宏中添加或修改一些操作,如在宏操作前再次添加一个宏操作,或者删除一些不需要的宏操作;还有就是在执行或调试宏的过程中,如果发现有些宏操作不正确就需要更改宏操作的参数。本次实训的任务是对"Database1"数据库中的"宏 1"对象进行保存并调试,实现宏操作命令所达到的打开"窗体1"和"专业报表"的效果,要求用户学会调试并运行宏对象以及当宏命令出现错误时,如何进行宏编译,修改宏的相关操作。

7.3.3 预备知识

1) 保存宏

当用户在数据库中创建宏对象后,就可以对创建的宏执行保存操作。保存所创建的宏,需要用户在创建的宏选项卡中用鼠标右键单击,在弹出的如图 7 - 25 所示的快捷菜单中选择"保存"命令即可。

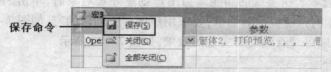

图 7 - 25 保存"宏"对象列表框

2) 编辑宏

当用户创建了一个宏操作后,还可以在其下面单击表格继续添加第二个、第三个宏对象。系统执行宏操作是按照表格中的顺序执行的,如果用户需要在某个宏操作前或后加入一个新的宏操作,需要将鼠标指向这个宏操作最前面的方格,这时鼠标的形状为 ➡,然后右键单击指向的方格,在弹出的如图 7 - 26 所示的快捷菜单中选择"插入行"命令即可。

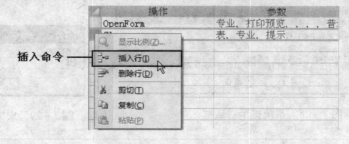

图 7 - 26 插入宏对象

在宏设计视图中,用户也可以对不需要的宏操作进行删除,其方法和插入行的方法相同,需要用鼠标指向宏操作前面的方格,用鼠标右键单击,从弹出的快捷菜单中选择"删除行"命令。

当用户在宏设计视图中创建了宏操作后,如果需要多次使用宏操作,用户可以用鼠标在此宏操作的最前面单击鼠标左键,在弹出的如图7-27所示的快捷菜单中选择"复制"命令,然后在需要粘贴宏操作的方格中右键单击,从弹出的快捷菜单中选择"粘贴"命令,即可实现宏的复制操作。

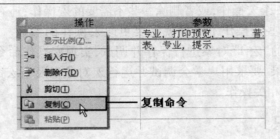

图 7 - 27　复制宏操作

3) 运行宏

当用户设置好宏操作对象的相关参数后,就可以通过功能区"设计"选项卡"工具"组中的"运行"命令来查看宏所实现的功能。当用户创建好宏对象后,单击"运行"命令,即可出现如图7-28所示的系统提示对话框,要求用户保存所创建的宏,如图7-29所示。设置好宏对象的名称后,即可观看到宏所实现的效果,如图7-30所示。

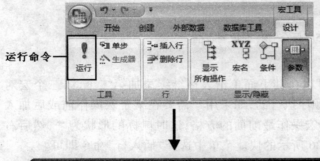

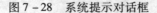

图 7 - 28　系统提示对话框

图 7 - 29　宏"另存为"对话框

当用户在数据库窗口中创建了宏后,就可以在导航窗格中用鼠标双击所创建的宏,运行宏。

在数据库导航窗格中,用户也可以用鼠标选中所创建的宏对象,然后单击鼠标右键,从弹出的如图7-31所示的菜单中选择"运行"命令,也可以实现对所创建宏的查看操作。

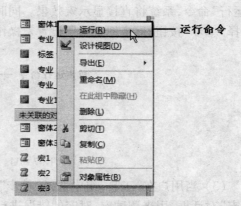

图 7-30　运行宏对象后的效果图　　　　图 7-31　运行宏对象列表框

7.3.4　实训步骤

（1）运行宏的相关操作，其方法为：在"Database1"数据库的导航窗格中用鼠标右键单击所创建的"宏1"对象，从弹出的快捷菜单中选择"设计视图"命令（见图7-32），即可打开"宏设计"视图窗口，如图7-33所示。

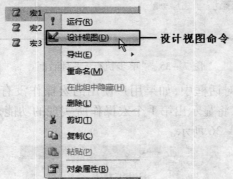

图 7-32　宏对象设计视图列表框

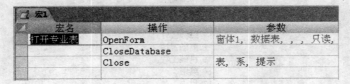

图 7-33　宏设计视图窗口

在运行宏的相关操作时，Access 2007将从宏的起点启动，并运行宏中所有操作，直到到达另一个宏。如果宏是在宏组中，用户也可以从其他宏或事件过程中直接运行创建的宏对象。

（2）在"宏1"的设计窗口中，用户可以在功能区"设计"选项卡的"工具"组中直接单击"运行"命令，系统将直接显示宏效果。同时，用户也可以在如图7-34所示的"工具"组中选择"单步"按钮，逐步地查看所设置宏操作的效果。

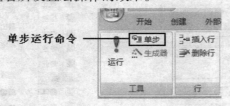

图7-34 "宏工具"选项组

（3）当用户在"工具"组中选择"单步"命令按钮后，将弹出如图7-35所示的"单步执行宏"对话框，用来调试宏，对宏的错误进行检查，便于找出原因进行更改。

图7-35 "单步执行宏"对话框

（4）在"单步执行宏"对话框中，如果用户使用的宏操作没有出现错误，在此对话框中再次选择"单步执行"命令，将显示出第1个宏操作所实现的功能，打开"窗体1"，显示其结构中的内容，其效果如图7-36所示。

专业ID	专业名称	系ID
1	计算机软件	1
2	计算机可行与	1
3	自动化处理	1
4	精细化工	2
5	经济管理	3
6	工商管理	3
7	财务会计	3
8	市场营销	3
9	机械工程	4
10	英语	5
11	日语	5
12	精密仪表	6

图7-36 运行宏后的效果

（5）当运行并查看第一个宏操作的效果后，如果宏视图中还设置有第二个操作，用户可以在"单步执行宏"对话框中选择"继续"命令，将显示出第二个宏操作所实现的功能，关闭当前的数据库，进入数据库的初始界面中，其效果如图7-37所示。

如果用户执行第一个宏操作后，不希望执行第二个宏操作，可以在"单步执行宏"对话框中选择"停止所有宏"命令，即可返回到宏的设计视图中。

图 7-37 关闭当前的数据库效果图

当用户在数据库窗口中打开宏对象的设计视图（见图7-38），从中选择"运行"命令后，如果宏操作中的相关参数设置有误，就会出现如图7-39所示的系统提示对话框。

在系统错误提示对话框中，列出了宏操作对象出现的问题以及修改方法。

当用户单击"确定"按钮后，将弹出如图7-40所示的"操作失败"操作对话框，要求用户停止当前的操作，并进入宏的设计视图中进行修改。

图 7-38 宏操作窗口   图 7-39 系统提示对话框

（6）当用户按照相关的错误提示信息在宏设计视图中对宏操作的参数进行更改后（见图7-41），右键单击宏1对象，执行保存操作，再次在"工具"组中单击"运行"命令，将显示最终的效果，如图7-42所示。

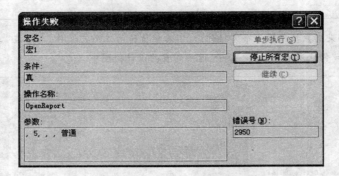

图 7 - 40 "操作失败"对话框

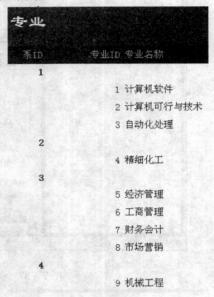

图 7 - 41 宏操作设计视图   图 7 - 42 运行宏对象后的效果图

7.3.5 拓展练习

打开在"专业窗体"中创建的宏对象,即打开专业报表,在宏设计器中利用"单步"的方式对此宏对象进行调试。

7.4 本章小结

本章主要介绍了宏、宏组和宏条件的概念以及如何在数据库中创建宏对象,添加相关的宏操作,如何在数据库窗体或报表中创建相互链接的宏,以实现特定的功能。同时,还介绍了如何对创建的宏对象进行调试、运行,处理宏操作在运行过程中出现的错误,并进行更改的设置操作。通过本章的学习,读者将对 Access 2007 数据库中宏对象的相关操作有个比较概略的认识。

7.5 综合练习

1）填空题

（1）在 Access 2007 中，创建宏在功能区的_____选项卡中执行。

（2）在 Access 2007 中，运行宏对象有_____方式。

（3）在 Access 2007 中，系统提供的宏操作有_____种。

（4）在一个宏中要打开一个报表，应使用的宏操作是_____。

2）简答题

（1）简述在 Access 2007 窗体中利用宏打开相关表的方法。

（2）简述在 Access 2007 数据库中宏对象所实现的功能。

（3）简述在 Access 2007 数据库中宏对象的运行与调试步骤。

3）上机题

创建一个用于修改"库存表"的宏，其中包括两个宏操作，分别用来实现在表中增加记录与编辑记录的功能。

第8章
VBA与模块

本章重点

▲ VBA创建

▲ 设置VBA对象

▲ 创建过程与模块

Office中包含Visual Basic for Application，即VBA。VBA是一种完全限定的编程语言，具有与Visual Basic相同的功能。它为Access提供了无模式用户窗体以及支持附加的ActiveX控件等。在Access数据库中，如果不使用VBA代码，很多用户的需求都无法实现。VBA代码所提供的功能不只是简单地打开窗体与报表，或者控制用户界面。用户使用VBA代码，可以验证、转换或组合数据，也可以用于导入或导出数据以及响应用户输入，处理用户不可避免会犯下的错误等操作。

8.1 VBA 概述

虽然 Access 的交互操作功能非常强大且易于掌握,但是在实际的数据库应用系统中,用户还是希望尽量通过自动操作达到数据库管理的目的。应用程序设计语言在开发中的应用,可以加强对数据管理应用功能的扩展。Access 利用 Visual Basic 编辑器(VBE)来编写程序过程代码,它以微软 Visual Basic 编程环境的布局为基础,实际上是一个集编辑、调试、编译等功能于一体的编程环境。

8.1.1 实训目的

VBA 是 Visual Basic for Application 的缩写形式。Microsoft Office 办公软件都支持 VBA 语法。VBA 不仅具有十分完整的程序语言基本结构,还可以对 Microsoft Office 的各种软件进行综合控制。本次实训的主要目的是介绍 VBA 编程语言的环境以及数据类型、常量与变量的概述等相关知识。

8.1.2 实训任务

在 Access 数据库中,通过宏可以很方便地完成许多任务,如打开或关闭窗体、显示或隐藏工具栏以及运行报表等操作。在数据库中要完成一些复杂的相同任务,就必须使用 VBA 编程来实现。在此编程语言中内置了大量的函数,可以执行数据库中其他对象难以完成的复杂计算,并且还可以一次浏览一个记录集或单个记录,而宏只能对整个记录进行操作。所以,本次实训的主要任务是要求用户了解 VBA 这种编程语言的环境以及语言中相关的数据类型、表达式或函数的相关知识。

8.1.3 预备知识

VBA 是 Visual Basic 语言的一个子集,集成了整个 Office 产品套件中的开发语言和开发环境。所有的 Office 应用程序都支持 Visual Basic 编程环境,而且其编程接口都是相同的。使用 VBE 编辑器可以创建过程,也可以编辑已有的过程。作为 Office 产品系列的一个重要组成部分,Microsoft Access 也是使用 VBA 语言作为其代码设计的开发语言。

VBA 的编程环境简称 VBE(Visual Basic Editor),它以 Visual Basic 的编程为基础,提供了 Office 应用程序集成的环境。当用户进入 VBE 界面后,将看到如图 8 - 1 所示的窗口。在此 VBE 窗口中,有标题栏、工具栏、菜单栏、命令按钮、工程资源管理器窗口、属性窗口、代码窗口等对象。

 在 VBA 代码窗口顶部的"对象"和"过程"下拉列表中包含了所建模块的控件或事件;"过程"下拉列表仅包含标准模块中现有过程的名称;代码窗口是创建和修改 VBA 过程最主要的地方;工具栏中包括创建、修改和调试模块时最常用的操作按钮。

1) 对象

对象是存在于客观事物之间的具有相互联系、相互作用的所有事物。在面向对象的程

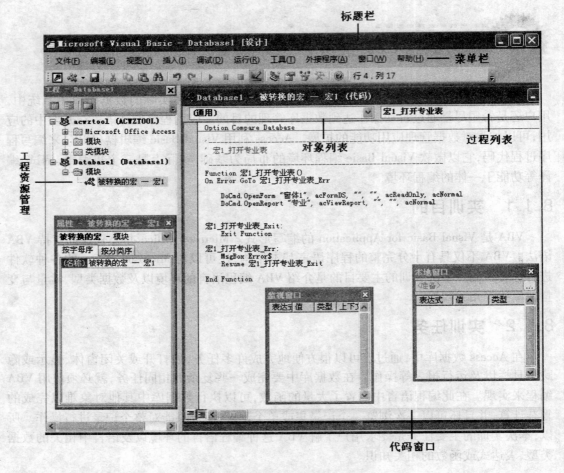

图 8-1 VBE 编程环境界面

序设计过程中,对象是基本元素。在 VBA 中进行程序设计时,界面上的所有事物都可以被称为对象。每一个对象都有自己的属性、方法和事件,用户就是通过属性、方法和事件来操作对象的。

2) 属性

属性是对象的一种特性或该对象行为的一个方面。在 VBA 中,每个对象都有自己区别于其他对象的特征状态,用来描述这种特征状态的数据就是属性。属性就是对象的物理性质,比如窗体中的"命令按钮",它的一些属性是指命令按钮的大小、颜色、对齐方式和大小等。用户既可以在创建对象时为对象设置属性值,也可以在执行程序时通过命令的方式修改对象的属性值。

3) 事件

事件就是对对象可以实施的操作,用户通过相关操作,可以使对象执行某种动作。事件可以由用户触发,也可以通过系统触发,在大多数情况下,事件是通过一些交互式动作来触发的,比如鼠标单击事件、鼠标双击事件、鼠标移动等操作事件。为了使对象在事件发生时能够做出准确的反应,就必须针对这一事件编写相应的代码来完成这个功能。反之,若没有为这个事件编写任何代码,即使这个事件发生了,也不会产生任何动作。

4) 方法

所谓对象的方法是指对象所固有的、可以完成某种任务的功能,也就是对象可以执行的动作。方法决定了对象的行为,是对象本身所独具的功能。方法是通过一些代码完成对象的操作,但是方法是固定属于某一个对象的,而函数可以被其他程序调用。在 VBA 中,如果要调用一个对象的方法,必须指定这个对象的名称,然后说明该对象的方法名,才可以调用这个对象。调用对象的格式为:对象名.方法名称。

8.1.4 实训点拨

在 VBA 中,程序是由过程组成的,过程是根据 VBA 规则书写的指令组合。一个程序包括语句、变量、运算符、函数、数据库对象等基本要素。

1) 数据类型

VBA 语言的数据类型包括布尔型(Boolean)、日期型(Date)、字符串型(String)、货币型(Currency)、字节型(Byte)、整数型(Integer)、长整型(Long)、单精度型(Single)、双精度型(Double)以及变体型(Variant)和用户自定义型。其数据类型如表8-1所示。

表8-1 VBA 数据类型

数据类型	VBA 类型	类型标识符	取 值 范 围	字 节
字符串型	String	$	根据字符串长度而定	字符长度(0-65400)
字节型	Byte	无	0 ~ 255	1
布尔型	Boolean	无	True 或 False	2
整数型	Integer	%	-32768 ~ 32767	2
长整数型	Long	&	-2147483648 ~ 2147483647	4
单精度型	Single	!	负数: $-3.402823E+38$ ~ $-1.401298E-45$ 正数:$1.401298E-45$ ~ $3.402823E+38$	4
双精度型	Double	#	负数: $-1.79769313486231E+308$ ~ $-4.94065645841247E-324$ 正数:$4.94065645841247E-324$ ~ $1.79769313486231E+308$	8
日期型	Date	无	公元 100/1/1 - 9999/12/31	8
货币型	Currency	@	-922337203685477.5808 ~ 922337203685477.5808	8
小数点型	Decimal	无	小数点右边的数字个数为 0 ~ 28	12

数据类型	VBA 类型	类型标识符	取 值 范 围	字　节
变体型	Variant	无	0～20 亿	数字:16 字符:22＋字符串长
对象型	Object	无	任何对象引用	4

2）变量

变量是一个符号地址，它代表了命名的存储位置，包含在程序执行阶段。用户利用变量可以修改数据。每个变量都有变量名，其作用域内可唯一识别，在使用变量前，用户可以指定变量的数据类型，也可以不指定。

（1）变量的命名。变量的命名必须以字符开头，并且在同一范围内必须是唯一的，其个数不能超过 255 个字符，中间不能包含句点或类型声明字符。在 VBA 编写程序的过程中，对变量进行命名需要遵守以下一些规则：

* 第一个字符必须使用英文字母。

* 不能在名称中使用空格、句点(.)、感叹号(!)、或@、&、$、#等字符。

* 使用的名称不能与 Visual Basic 本身的 Function 过程、语句以及方法的名称相同。

* 不能在相同范围层次中使用重复的名称，Visual Basic 不区分大小写，但其名称会在被声明的语句中保留大写。

（2）变量的定义。变量除了具有类型属性之外，还具有作用域属性。VBA 变量的作用域属性也需要在声明变量时作出明确的确定。对变量进行声明可以使用类型说明符号、Dim 语句或 DefType 语句。在声明变量作用域时，用户可以将变量声明为 Locate（本地）、Private（私有）和 Public（公共）变量。在 VBA 程序中，定义变量的格式为：Declare 变量名 As 数据类型。

在 VBA 变量的定义语句中，Declare 是指 Dim、Static、Redim、Public 或 Private，这些是表示作用域或生存期的关键词。一个声明变量的语句可以放在过程中，以创建属于过程级别的变量，也可以放在声明部分，将它放到模块顶部以创建属于模块级别的变量。如创建变量 strlf，并将其指定为 String 的数据类型的定义语句为：Dim strlf As String。

3）常量

常量是指在程序运行过程中，其值不能被改变的量。常量是一个名称，它可以替换一个号码或字符串，并且值不会改变。在 VBA 编程过程中，用户不能修改一个常数如同操作变量一样的赋一个新值给常量。常量在程序执行过程中，其值不会发生变化。在 VBA 中的常量有直接常量、符号常量、固有常量和系统常量四种。

（1）直接使用的数值、字母或字符串值为直接常量，如 123、ABC、"STO"等。

（2）经常使用的一些量，用户可以将其定义为符号常量，用来增加代码的可读性。定义符号常量的格式为：Const 符号常量名称 = 常量值。

（3）固有常量是 Microsoft Access 或引用库的一部分，所有的固有常量都包含在类型库中，并显示在"对象浏览器"中。Microsoft Access 包含 Microsoft Access、ActiveX 数据对象

（ADO）、数据访问对象（DAO）和 Visual Basic 的类型库。这些类型库中的每一个对象都包含有固有常量。

（4）Access 系统包含一些启动时就建立的系统常量，如 True、False、Yes、No、Null 等。

4）运算符

VBA 编程语言为用户提供了多种类型的运算符，以完成对数据的各种运算和处理。在 VBA 中，主要的运算符有算术运算符、关系运算符、逻辑运算符和连接运算符。

（1）赋值运算符：=。

（2）算术运算符：&（连接运算符）、+（混合连接运算符）、+（加）、-（减）、Mod（取余）、\（整除）、*（乘）、/（除）、-（负号）、^（指数）。

（3）逻辑运算符：Not（非）、And（与）、Or（或）、Xor（异或）、Eqv（相等）、Imp（隐含）。

（4）关系运算符：=（相同）、< >（不等）、>（大于）、<（小于）、> =（不小于）、< =（不大于）、Like、Is。

（5）位运算符：Not（逻辑非）、And（逻辑与）、Or（逻辑或）、Xor（逻辑异或）、Eqv（逻辑等）、Imp（隐含）。

5）数组

数组是一个由相同数据类型的变量构成的集合，数据组中的变量也叫数组元素，用数字（下标）来标识。数组的声明方式和其他普通变量的方式一样，可以使用 Dim、Static、Private 或 Public 语句来声明。数据的下标是否从 0 或 1 开始，是根据 Option Base 语句的设置，如果 Option Base 没有指定为 1，则数组的下标将从 0 开始。数组的声明格式为：Dim［Static ｜ Private ｜ Public］数组名（数组下标上界）As 数据类型。

数组是单一类型的变量，它具有很多的存储单元来存储很多值，而常规的变量只有一个存储单元，所以只能存储一个值。如果用户要引用保持的所有值时，可以引用整个数组或只引用数组中的个别元素。

在使用数组定义数据时，可以使用 ReDim 语句，更改动态数组元素的个数，如果不需要消除原有数组中的值，可使用语句 ReDim Preserve varArray（UBound（varArray）+ 10）添加原有数据元素的个数。例如，定义一个整型数组，并利用 ReDim 语句去更改原来数组的个数的编程语句，如图 8 - 2 所示。

6）程序语句

程序控制语句可以控制程序执行的流程，如果没有程序控制语句，程序便从左至右、自顶向下地执行。在实际应用中，用户常常需要根据指定的条件对程序进行分析、比较和判断，再根据判断结果采取不同的操作，而这些操作都需要程序控制语句来实现。在 VBA 编程过程中，常用的语句结构有顺序结构、选择结构和循环结构。

（1）顺序结构。顺序结构就是按照程序代码编写的顺序自上而下逐句执行的结构，如对定义的数组元素都赋予一个初始值 10 的程序语句，如图 8 - 3 所示。

定义数组

图 8-2　定义数组实例效果图

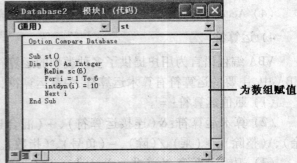

为数组赋值

图 8-3　顺序结构效果图

（2）选择结构。选择语句是根据某种条件的成立与否而执行不同的程序语句。在 VBA 中，选择控制结构有条件结构和选择结构两种。条件结构主要采用 if－then－else 语句用来形成双重分支。它能明确指出作为控制条件的表达式为"真"时，程序将做什么；为"假"时，程序将实现什么操作。其结构如图 8－4 所示。利用此条件语句，实现求 Z 绝对值的代码程序如图 8－5 所示。

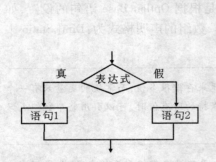

图 8-4　选择条件结构图

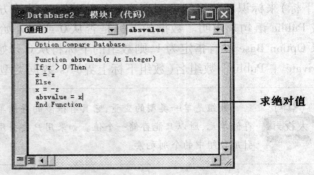

求绝对值

图 8-5　条件选择结构实例效果图

在选择条件中，先计算条件表达式的值，若表达式的值为"真"，则执行语句 1，并跳过语句 2，继续执行 if－then－else 语句的下一条语句，若表达式的值为"假"，则跳过语句 1，而转去执行语句 2，然后继续执行 if－then－else 语句的下一条语句。

条件结构中的选择结构可以在多个语句块中有选择地执行其中的任意一个分支。它是根据表达式的值来决定执行某种语句之一。选择结构 Select case 的语法定义如下：

Select case 表达式

case 表达式值列表 1

语句 1

case 表达式值列表 2

语句 2

...

［case Else

　［语句 n］］

End Select

　　此语句的执行过程为：首先计算 Select 语句中表达式的值,然后将该值依次与每个 case 后面的表达式值进行比较,当表达式的值与某个 case 后面表达式的值相等时,就执行其 case 后面的语句。每个 case 值是一个或几个值,如果在一个列表中有多个值,那么值与值之间用逗号分隔。如果不止一个 case 与测试表达式的值匹配,那么只执行第一个匹配的 case 语句。若所有 case 语句中表达式的值均不等于 Select 后面表达式的值,则执行 case Else 后面的语句。

　　小资料　　在条件语句的选择结构中,用户可以通过编写如图 8－6 所示的程序代码来根据用户所设置的不同条件执行不同的操作,以实现不同的功能。此程序语句可以根据用户给出的值,输出不同的结果。

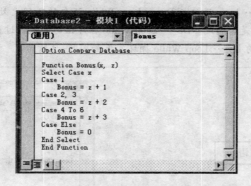

图 8－6　选择结构的实例效果图

　　（3）循环结构。循环结构允许重复执行一行或多行程序代码。在 VBA 循环语句中,除了 for 循环外,还有 Do 循环语句,而 Do 循环语句又有两种结构。VBA 循环语句的三种结构如下：

Do While 循环语句的一般形式如下：

Do While 表达式

　循环语句块

Loop

　　小资料　　Do While … Loop 语句的执行过程为：首先判断循环条件表达式的值是否为“真”,若为“真”,则执行循环体语句,然后再根据循环变量值的改变而决定是否重复执行循环体;若为“假”,则退出循环体,执行程序的后续语句。Do While…Loop 循环语句的实例如图 8－7 所示。

　　Do …Loop While 循环语句是先执行循环体语句,然后检测循环条件表达式的值,若其值为“真”,则重复执行循环语句块;若其值为“假”,则退出循环体,执行后续语句。Do … Loop While 循环的一个突出特点是：无论表达式的条件成立与否,循环体至少执行一次。

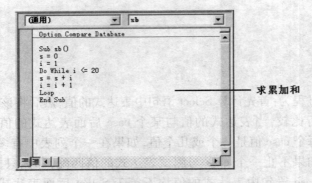

求累加和

图 8 − 7　DO While … Loop 循环语句结构

Do … Loop While循环语句的一般形式如下：

　　Do

　　　　循环语句块

　　Loop While 表达式

小资料　　　Do While … Loop 语句与 Do … Loop While 语句的不同之处是，后者总是先执行循环语句块，无论条件是否满足。Do … Loop While 程序语句的执行过程如图 8−8 所示。根据设置的条件所创建的 Do … Loop While 循环实例如图 8−9 所示。

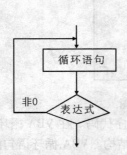

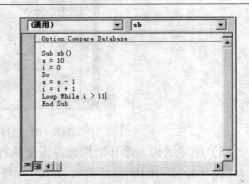

图 8 − 8　Do … Loop While 循环语句结构　　　图 8 − 9　Do … Loop While 循环语句实例效果图

　　For 循环结构需要用户知道程序要执行的循环次数。For 循环要使用一个计数变量，每重复一次，计数变量的值就会增加或减少。For 循环语句的结构如下：

For 循环控制变量 = 循环初值表达式 to 循环终值表达式［STEP 步长］

　　循环体语句

NEXT［循环控制变量］

大视野　　　for 语句和 Do While … Loop 语句是先判断循环控制条件，然后再执行循环体；而 Do … Loop While 语句是先执行循环体，再进行循环控制条件的判断。for 语句和 Do While … Loop 语句可能一次也不执行循环体，而 Do … Loop While 语句则至少执行一次循环体。

For 循环语句是先将循环初值表达式的值赋给循环控制变量,并检查其值是否大于循环终值表达式的值。若条件为"真",则执行循环体语句,执行完毕后,再根据循环控制变量的值加上步长的值以改变循环变量,第二次测试循环控制变量的值是否小于循环终值表达式的值,若值仍为"真",则继续执行循环体语句,并重复执行上述步骤进行条件判断,一直到控制变量的值大于循环终值时才退出循环体,如图 8-10 所示。

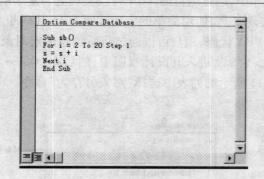

图 8-10　For 循环语句实例效果图

8.1.5　拓展练习

在 Access 2007 中创建一个"商品管理"数据库,并在此数据库中,利用 VBA 编写程序代码实现 1 至 20 内累加和的功能。

8.2　创建与编辑 VBA 对象

在 Access 中,用户可以通过编写 VBA 代码来控制应用程序的操作和流程,同时,用户还可以决定何时执行操作项目,比如,改变字段中的信息或单击命令按钮将执行何种操作。在 VBA 中,应用程序主要是通过与窗体或报表事件相关联的过程决定执行什么操作或忽略什么操作,所以 VBA 代码可以实现数据库中其他对象不能实现的更为复杂的功能。

8.2.1　实训目的

在 Access 窗体上,所有控件都提供了事件属性。用户可以通过把一个宏或事件过程附加到一个控件的事件属性上,就可以实现特定的操作。本次实训的主要目的是通过在"Database1"数据库的"供应商窗体"的命令按钮中编写 VBA 代码,实现打开此数据库中窗体的操作,使用户学会创建与编辑 VBA 对象的相关操作知识。

8.2.2　实训任务

在 Access 的事件驱动环境中,对象、窗体、报表或控件都可以响应事件。事件过程是事件发生时执行的 VBA 代码,这些代码直接附加到包含待处理事件的窗体或报表上。用户每次单击命令按钮后,事件过程就会自动运行。本次实训的任务是在"Database1"数据库的

"供应商窗体"中创建命令按钮,然后通过编写 VBA 代码来实现打开窗体的操作,要求用户学会创建窗体的方法。

8.2.3 预备知识

1)将宏转换为 VBA

(1)在 Access 数据库中,通过编写的 VBA 可以实现更为复杂的功能,而某些操作使用宏比 VBA 代码更容易实现,比如使用简单的宏比编写 VBA 代码更容易实现打开或关闭窗体的操作。实现简单的 VBA 代码,用户可以通过将所创建的宏对象转换为 VBA,其操作方法为:打开所创建的对象"宏 2",进入其设计视图中,然后在"Office 菜单"中选择"另存为"命令,在展开的如图 8－11 所示的列表中选择"对象另存为"命令。

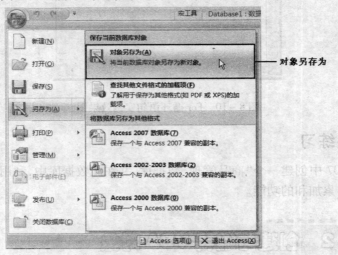

图 8－11 Office 菜单

(2)当用户选择"对象另存为"命令后,将打开如图 8－12 所示的"另存为"对话框。在此对话框的"保存类型"中选择"模块"对象,同时,还可以选择转换成 VBA 后的名称,如"宏2 的副本"。设置完成后单击"确定"按钮。

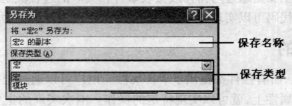

图 8－12 "另存为"对话框

(3)在打开的如图 8－13 所示的"转换宏"对话框中,用户可以选中"包含宏注释"和"给生成的函数加入错误处理"前面的按钮,然后选择"转换"命令,即可打开如图 8－14 所示的"将宏转换为 VBA"的成功提示对话框。

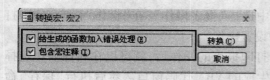

图8-13 "转换宏"对话框

图8-14 系统提示对话框

(4)当用户在系统提供的将宏转换VBA的成功提示对话框中,单击"确定"按钮后,即可观看到转换后的VBA代码窗口,其效果如图8-15所示。

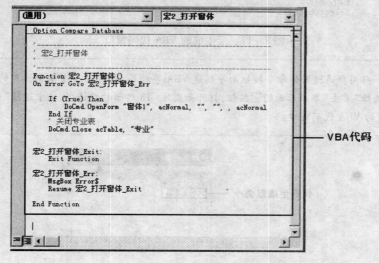

图8-15 VBA代码窗口

2)使用命令按钮向导创建VBA

(1)当使用Access向导创建一个命令按钮后,它会自动添加一个事件过程并将其附加到此按钮上,用户就可以使用向导创建VBA代码来实现所需要的操作。创建一个窗体,在此窗体中添加一个命令按钮控件,将打开如图8-16所示的对话框。

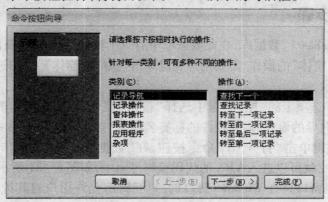

图8-16 "命令按钮向导"对话框

(2)在"命令按钮向导"对话框中,用户就可以在"类别"栏中选择相关的选项,然后在

"操作"栏中选择要执行的操作,如在"类别"栏中选择"报表操作",在"操作"栏中选择"打印报表"命令,最后按照向导的提示完成相关的设置操作。

(3)当用户设置好相关的命令按钮要执行打印报表的操作后,就可以在属性表中选择"事件"命令,打开如图 8-17 所示的系统自动生成的 VBA 代码窗口。然后执行"保存"命令,单击创建的命令按钮"打印报表"后,将显示 VBA 命令所显示的最终效果。

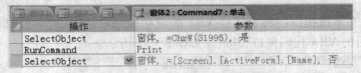

图 8-17　宏生成的 VBA 代码窗口

当用户通过窗体命令按钮向导创建 VBA 事件后,就可以在窗体属性表的"事件"选项卡中选择"单击"事件后面的□按钮,打开如图 8-18 所示的对话框,从中选择"代码生成器"命令,即可打开相关的 VBA 代码窗口。

代码生成器命令

图 8-18　"选择生成器"对话框

8.2.4　实训步骤

(1)打开"Database1"数据库,在此数据库中有"C1 窗体"和"供应商窗体"。利用 VBA代码实现打开"C1 窗体"的操作,需要用户右键单击"供应商窗体",从中选择"视计视图"命令,如图 8-19 所示。

(2)在"设计"选项卡的"控件"组中选择"按钮"控件,然后在窗体的主体节中拖动鼠标,取消命令按钮向导的设计,输入控件的标签名称为"打开 C1",如图 8-20 所示。

(3)用鼠标左键单击"打开 C1"命令按钮,在"数据库工具"选项卡的"宏"组中选择"Visual Basic"命令,就可以进入 VBA 的代码编辑界面中,如图 8-21 所示。

(4)VBA 代码窗口具有 Windows 窗口的一切特征,允许用户对其进行调整大小、最小化、最大化和移动的相关操作。在打开的如图 8-22 所示的 VBA 代码编写窗口中,用户可以编辑相关的代码,如编辑打开"C1 窗体"的代码操作。

(5)在 VBA 代码编辑窗口中,用户可以在如图 8-23 所示的"调试"菜单中选择"编译

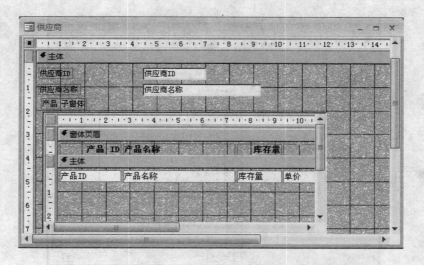

图 8-19 供应商窗体效果图

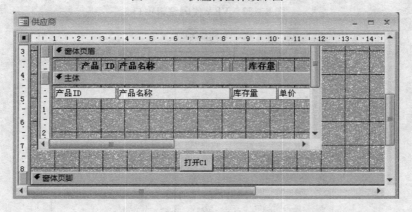

图 8-20 供应商窗体设计视图

图 8-21 创建 VBA 代码窗口

Database1"命令,系统将开始对所编写的 VBA 代码进行调试;若有错误,系统将显示出现的错误信息。当 VBA 代码调试成功后,就可以再执行"保存"操作,进入窗体视图即可观看到 VBA 所实现的效果,如图 8-24 所示。

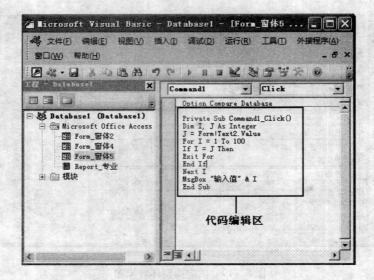

图 8 – 22 VBA 代码编辑窗口

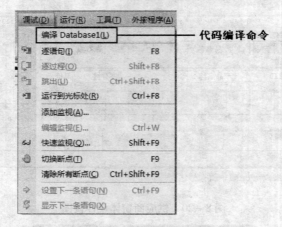

图 8 – 23 VBA 代码调试菜单

图 8 – 24 VBA 代码运行效果图

8.2.5 拓展练习

打开创建的"专业表",创建"专业窗体",并添加一个命令按钮,在此按钮中编写 VBA 代码,实现打开"专业表"的操作。

8.3 过程与模块

在 Access 2007 中,使用宏可以帮助用户完成一些特定任务,但它具有一些局限性,所以在给数据库设计一些特殊的功能时,需要用到"模块"或"过程"对象来实现,而这些"模块"或"过程"都是用 VBA 语言来实现的。使用它编写程序,然后将这些程序编译成拥有特定功能的"模块"或"过程",以便在 Access 2007 中调用。

8.3.1 实训目的

用 VB 语言编写的 VBA 程序,通过编译后将保存在 Access 中的一个模块里,并通过类似在窗体中激发宏的操作来启动这个"模块",从而实现相应的功能。本次实训的目的是利用过程和模块,在"学生成绩查询"窗体的"查询成绩"命令按钮中编辑 VBA 代码,然后调用过程或模块实现根据指定学号,查找指定成绩的操作,使用户了解过程与模块的语法,并使用它们的语法规则来编写 VBA 代码程序。

8.3.2 实训任务

在 Access 2007 数据库中,VBA 开发环境分为"主窗口"、"模块代码"、"工程资源管理器"和"模块属性"这几部分。模块代码窗口用来输入"模块"内部的程序代码;工程资源管理器用来显示这个数据库中所有的"模块"。本次实训的主要任务是在"Database2"数据库"学生成绩查询"窗体的"查询成绩"命令按钮中,编写 VBA 模块代码,实现根据指定学号显示指定成绩的操作。使用户学会在 VBA 开发环境中编写模块和过程的相关代码知识。

8.3.3 预备知识

1)过程

过程是包含 Visual Basic for Application 的代码单位,它包含一系列的语句和方法,用来执行某种操作或计算数值。数据库的每一个窗体和报表都有内置的窗体模块或报表模块,这些模块包含事件过程模板。用户可以在其过程模块中添加程序代码,使得当窗体、报表或其上的控件发生相应的事件时,运行这些程序代码。在 Access 数据库的 VBA 窗口中,过程包含子过程和函数两方面,其内容是一些程序代码,图 8 – 25 所示的是打开窗体的子过程。

2)模块

模块是将 VBA 中的声明和过程作为一个单元进行保存的集合。模块是由一个或多个过程组成的,每个过程可以实现一种或几种功能,可以是一个函数过程或者是一个子程序。模块有两个基本类型:类模块和标准模块。

(1)类模块。窗体和报表模块都是类模块,而且它们各自与对应的窗体或报表相关联。窗体或报表模块通常都含有事件过程,当用户创建第一个事件过程时,Access 将自动创建与窗体或报表对象相关联的类模块。如果要查看窗体或报表的模块,需要用户打开窗体的设计视图,然后在功能区"设计"选项卡的"工具"组中选择"代码"按钮,将打开如图 8 – 26 所

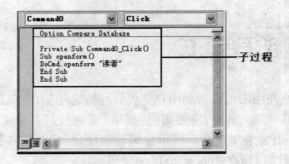

图 8 - 25　子过程创建实例

示的代码窗口。

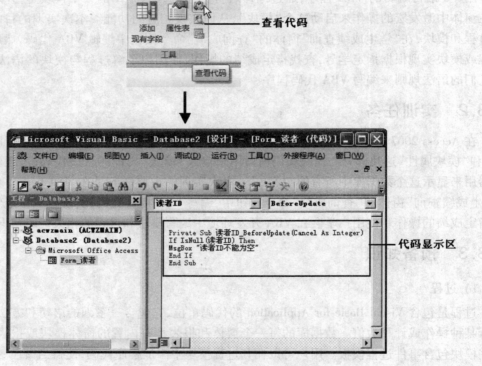

图 8 - 26　代码编辑窗口

小资料　　在图 8 - 26 所示的 VBA 代码窗口中,用户要查询或添加窗体事件,可以在窗体对象列表框中选择窗体对象,还可以在过程框中选择相应的事件,最后编写相关的代码参数,就可以实现对象添加代码的操作,如图 8 - 27 所示。

（2）标准模块。标准模块包含的是不与任何对象相关联的通用过程,这些过程可以在数据库中的任何位置直接调用执行。与类模块不同,标准模块不与任何对象相关联。当用户进入 VBA 环境中后,可以通过"对象浏览器"将所有的类模块和标准模块都显示出来,如图 8 - 28 所示。

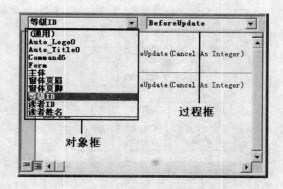

图8-27 "对象和过程"列表框

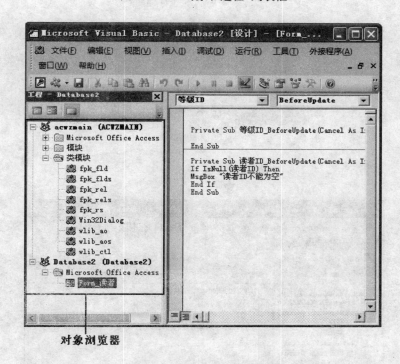

图8-28 VBA工程资源管理器窗口

8.3.4 实训步骤

（1）在"Database2"数据库中有"学生成绩查询"窗体，在此窗体中有两个命令按钮，一个是查询成绩；一个是求平均值。现在利用VBA中的过程和模块来实现查询学生成绩的操作。用户需要打开"学生成绩查询"窗体，并进入其设计视图中，如图8-29所示。

（2）在打开的"学生成绩查询"窗体中单击"查询成绩"命令按钮，在功能区"创建"选项卡的"其他"组中选择"宏"命令，在展开的列表中选择"模块"，即可打开如图8-30所示的VBA代码编辑窗口。

（3）在模块代码窗口的对象列表中，用户可以选择需要添加代码的对象，如图8-31所示。在此列表中，用户可以针对整个窗体中的各个对象进行添加代码的操作。当用户选择

图 8-29　VBA 工程资源管理器窗口

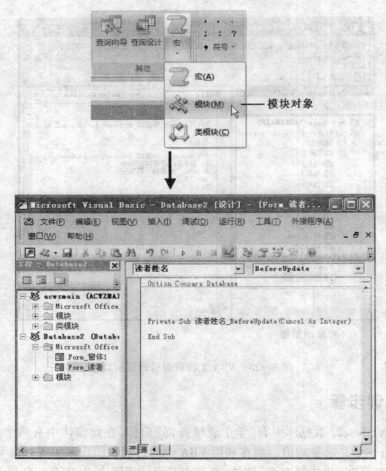

图 8-30　VBA 代码编辑窗口

操作的对象后,需要在如图 8-32 所示的过程列表中选择相关的事件,如为"命令 18"添加的代码(见图 8-33)。

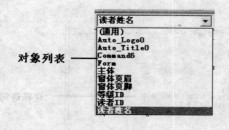
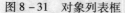

对象列表

图 8-31　对象列表框

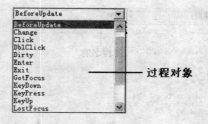

过程对象

图 8-32　过程列表框

图 8-33　对象事件 VBA 代码编辑窗口

（4）在 VBA 代码编辑窗口中，用户除了可以创建模块对象外，还可以在此窗口的"插入"菜单选项中选择"过程"命令，将打开如图 8-34 所示的"添加过程"对话框。

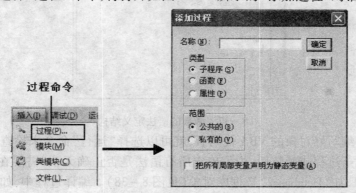

过程命令

图 8-34　"添加过程"对话框

（5）在"添加过程"对话框中，用户可以在"类型"选项卡中选择创建的过程是函数，还可以添加的过程是子程序或属性，并在名称文本框中为添加的过程命名，最后单击"确定"命令，将打开如图 8-35 所示的过程代码编辑窗口。

大视野

　　在 VBA 程序中，用户可以加入注释，解释过程或代码的特别含义，这是程序设计中的一个非常好的习惯。当用户在代码中加入注释后，被注释的语句在运行过程中不能被执行。在 VBA 代码中，注释以西文加"'"作为注释的开始，或者在空格之后跟一个 Ren 关键字，再在其后写注释。注释语句可以在程序中的任何位置，如图 8-36 所示。

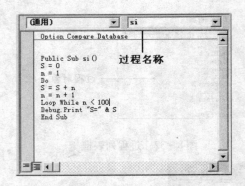

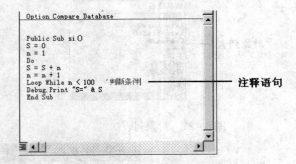

图 8-35　过程代码编辑窗口　　　　　图 8-36　为程序代码添加注释语句

 过程包含 VBA 语句,用来完成某种操作。用户使用过程,可以将程序划分成一个个较小的逻辑单元,过程中的代码能够被反复调用,这样就可以减少不必要重复编写的工作。

函数与子程序一样,是用来完成特定功能的独立单元。用户可以利用函数读取参数,执行一系列操作。函数有一个最重要的特点,就是调用函数时,要返回一个值。在函数中必须要包含一条给函数名赋值的语句,通过此语句将函数的结果返回。函数的定义语法结构如图 8-37 所示。

图 8-37　函数的语法定义结构

（6）当用户编写好对象的 VBA 代码后,就可以选择"运行"命令来检查程序。同时,用户还可以在创建子过程或函数后,为了确定所有语法是否正确无误,需要在"调试"菜单中选择"编译"对象,如"Database2"数据库对象（见图 8-38）。编译过程中,如果出现错误,将出现如图 8-39 所示的系统提示对话框。

 编译数据库只能确保 VBA 代码中没有语法错误。编译器只能检查语言问题,并且是首先识别 VBA 语句,然后检查所指定的选项数和顺序是否正确。VBA 编译器无法检测代码中的逻辑错误,当然也无法帮助用户排除运行时的问题。

在 Access 2007 的代码编辑窗口中,为用户提供了一个非常好的工具。当用户在编写代码的过程中,系统会自动显示数据的属性或事件提示信息,类似于在工具提示窗口中查看变量的值,其方法为:在模块窗口中将鼠标指针悬停在变量名上即可,如图 8-40 所示。

图 8-38 调试 VBA 对象菜单栏   图 8-39 系统提示对话框

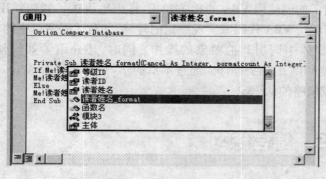

图 8-40 对象属性提示列表

（7）当用户编写好对象的 VBA 代码后，并且在"调试"菜单中编译对象后，如果没有错误，就可以选择"保存"命令。当用户关闭 VBA 代码窗口中的"关闭"按钮后，将返回到"学生成绩查询"窗体中，如图 8-41 所示。在此窗体的学生编号中，单击下拉箭头，选择"20020201"学号后，单击"成绩查询"按钮，将出现如图 8-42 所示的效果。

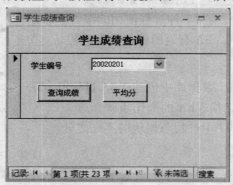

图 8-41 学生成绩查询效果图

图 8-42 执行 VBA 模块代码后的效果图

8.3.5　拓展练习

在 VBA 代码编辑窗口中,创建一个过程,实现的操作为:累加 1～20 内的每个数字,并求和的相关操作。

8.4　本章小结

本章主要介绍了如何使用 VBA 的相关知识,详细地讲述了如何使用 VBA 来构建子过程和函数以及如何编写 VBA 代码来实现数据的计算,并对代码窗口中的对象编写相关的程序,实现在数据库窗体中调用其他对象的操作。同时,还介绍了如何使用命令按钮创建 VBA 和宏对象转换 VBA 的相关操作。通过本章的学习,读者将对 Access 2007 数据库中的 VBA 对象有个比较概略的认识。

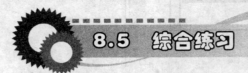

8.5　综合练习

1) 填空题

(1) 在 Access 2007 中,模块基本上是由声明、语句和过程组成的集合,它们作为一个已命名的单元存储在一起,可分为_____和_____两种类型。

(2) 过程是由_____组成的单元,它包含一系列执行操作或计算值的语句和方法,过程分为_____过程和_____过程两种类型。

(3) 在 Access 2007 中,编写事件过程使用的编程语言是_____。

(4) 用 Access 2007 中,VBA 有返回值的处理过程是_____。

2) 简答题

(1) 简述在 Access 2007 数据库中创建 VBA 过程的方法。

(2) 简述利用宏操作转换 VBA 的操作步骤。

(3) 简述在 Access 2007 中过程与模块的不同之处。

3) 上机题

在"我的电脑"D 盘中有一个"产品"数据库,在此数据库的 VBA 代码编辑界面中,编写以下程序,并输入最终结果。

```
x = 100
y = 50
if x > y then
x = x － y
else
x = y + x
Print x , y
```

第9章
综合实例

本章重点

▲ 数据库表的创建
▲ 查询的设置操作
▲ 报表的设置操作
▲ 窗体的设置操作

　　Access 2007为用户提供了有关数据库、数据库表、查询、窗体、报表以及宏对象的相关设置操作。为了使用户制作出逻辑关系强的数据库系统，本章将以实例的形式向用户详细讲解数据库对象的制作步骤，以方便用户对前面所学知识的巩固、加深，以最快的速度学会数据库的设计理念，并熟练应用此软件制作出优秀的作品。

在"product"数据库中创建一个基于"产品表"和"产品入库表"的相关信息,在该数据库里创建表与表之间的关系,并对数据库进行筛选和查阅操作。

实例步骤

(1) 单击"开始"菜单,选择 Access 2007 应用程序,打开如图 9 – 1 所示的效果图,进入数据库的创建界面。

图 9 – 1 数据库创建界面

(2) 在打开的数据库创建界面中单击"空白数据库"命令,窗口右边将出现 Access 2007 数据库的创建界面,如图 9 – 2 所示。在空白数据库的"文件名"文本框中,用户可以输入数据库的名称,然后单击"创建"命令,即可新建一个空白数据库。

(3) 在创建的空白数据库中,用户可以单击"Office 按钮" ,从弹出的列表框中选择"保存"命令,将打开如图 9 – 3 所示的"另存为"对话框。要求用户输入新建表的名称,完成后单击"确定"按钮即可。

(4) 数据库中最主要的对象是表,表是数据库的灵魂。当数据库创建成功后,用户就可以单击"Office 按钮" ,从列表框中选择"打开"命令,打开创建的"product. accdb"数据库。在此数据库功能区"创建"选项卡的"表"组中(见图 9 – 4),单击"表"按钮,即可在数据库中创建一个新的表结构,并处于打开状态,如图 9 – 5 所示。

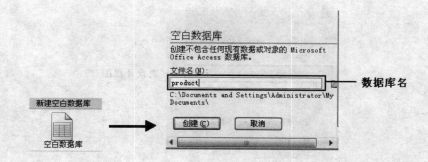

图9-2 数据库创建界面效果图

图9-3 "另存为"对话框

图9-4 表创建组

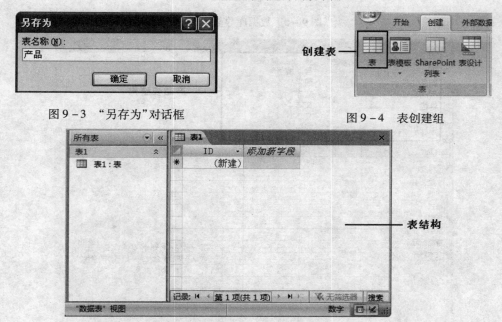

图9-5 表结构设计效果图

（5）当表结构创建成功后,就需要在此数据库中创建表中的主要字段和记录。将光标移到导航窗格的"表1"上,用鼠标右键单击,从弹出的如图9-6所示的快捷菜单中选择"设计视图"命令。

（6）选择"设计视图"命令后,用户就可以在此设计视图中创建"产品表"的结构,即字段的相关信息。在"产品表"中所包含的各字段属性和数据类型如图9-7所示。

（7）当用户在表的设计视图中将"产品表"的字段名和数据类型设计完成后,就需要向该表输入数据了。在"产品表"中输入数据须要用户用鼠标右键单击"表1"选项卡,在弹出的快捷菜单中选择"数据表视图",即可向该表中输入数据。"产品表"的相关数据记录如图9-8所示。

（8）当用户在数据表视图中输入表的相关记录数据后,表的创建工作就完成了。这时用户需要对表执行"保存"操作。在表的设计视图中,用鼠标右键单击"表1",从弹出的如图9-9所示的快捷菜单中选择"保存"命令,将弹出如图9-10所示的"另存为"对话框,输入表的名称为"产品表"。

Access 数据库程序设计实训教程

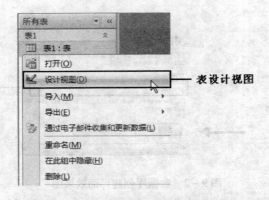

图 9-6   数据库导航窗格

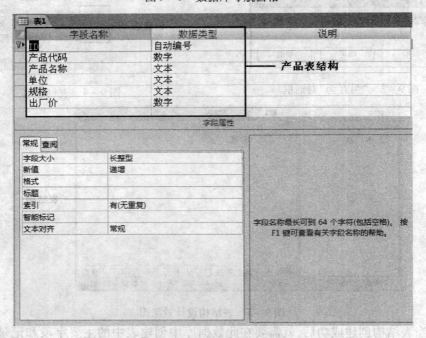

图 9-7   产品表的数据结构和类型

图 9-8   产品表效果图

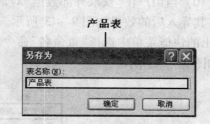

图 9-9 "保存"命令列表框   图 9-10 "另存为"对话框

（9）当用户完成"产品表"的创建操作后，就可以在功能区"创建"选项卡的"表"组中选择"表"命令，按照创建"产品表"的方法可以创建"产品库存表"。同时，用户也可以通过导入的方式将外部磁盘中存放的"产品库存表"的 Excel 文件导入到当前数据库中，成为"产品库存表"。方法为：在当前数据库功能区中选择"外部数据"选项卡，在"导入"组中选择"Excel"命令（见图 9-11），即可打开如图 9-12 所示的"获取外部数据"对话框。用户可以单击"浏览"命令，打开需要导入的文件。

图 9-11 "外部数据"选项卡

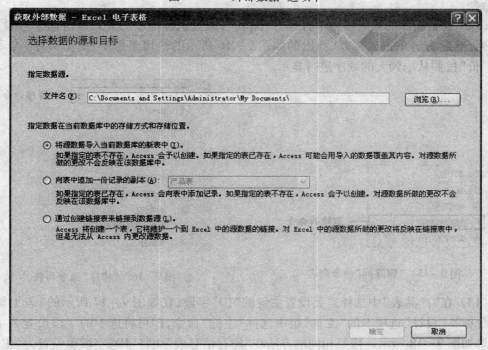

图 9-12 "获取外部数据"对话框

（10）当用户在"获取外部数据"对话框中按照向导的提示，完成"库存信息"的导入操作后，其导入后的效果如图9－13所示。用户可以用鼠标右键单击插入的"产品入库表"，从弹出的快捷菜单中选择"重命名"命令，将此表命名为"库存信息"，然后进入其设计视图中，如图9－14所示。

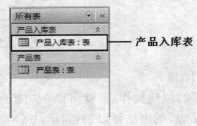

图9－13　导入后的产品入库表

图9－14　库存信息表的效果图

（11）在"库存信息表"中有"ID1"和"ID"两个字段，用户可以通过鼠标拖放的方式单击选中"ID1"字段列，然后右键单击鼠标，从弹出的如图9－15所示的快捷菜单中选择"删除列"命令。

（12）在数据库的导航窗格中打开"产品表"，通过鼠标拖放的方式单击选中"出厂价"字段列，然后右键单击鼠标，从弹出的如图9－16所示的快捷菜单中选择"升序"命令，将"出厂价"按照从小到大的顺序进行显示。

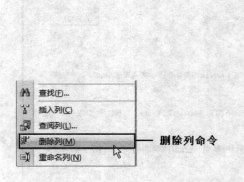

图9－15　"删除列"命令列表　　　　　　图9－16　"排序"命令列表

（13）在"产品表"中选择需要设置主键的"ID"字段，在如图9－17所示的"表工具"动态命令标签"设计"选项卡的"工具"组中选择"主键"命令，即可将选中的字段设置为主键，其效果如图9－18所示。按照相同的方法在"库存信息表"中将"ID"字段也设置为"主键"。

（14）当对"产品表"中的"出厂价"字段执行筛选操作时，需要切换到创建"高级筛选"表的数据表视图中，在"开始"选项卡的"排序和筛选"组中选择"高级"命令，打开如图9－19

图9-17 表设计选项组

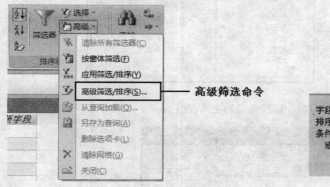

图9-18 设置主键效果图

所示的列表框,从中选择"高级筛选/排序"命令。

（15）在打开的如图9-20所示的高级筛选窗口中设置筛选的条件,如"产品表"中的"出厂价"字段进行"升序"排序。同时,用户还可以对"产品名称"字段设置筛选条件,只显示"产品名称"为"灯泡"的记录。

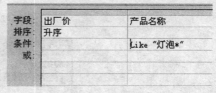

图9-19 创建高级筛选列表　　　图9-20 高级筛选设置窗口

（16）当用户在高级筛选窗口中完成对字段的筛选操作后,需要执行关闭"筛选"窗口的操作,将打开如图9-21所示的"另存为"对话框,保存的名称为"产品"。当用户用鼠标双击"产品"后,将显示筛选后的效果,如图9-22所示。

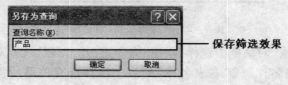

图9-21 "另存为查询"对话框

（17）打开需要创建关系的"产品表"和"库存信息表",在功能区中将出现"表工具"动态命令标签。在"数据表"选项卡的"关系"组中选择"关系"选项,将打开如图9-23所示的"显示表"对话框。

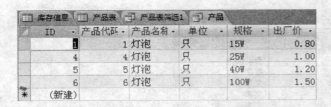

图 9－22　设置高级筛选后的效果图

图 9－23　"显示表"对话框

（18）在"显示表"对话框中选择"产品表"和"库存信息表"，单击下方的"添加"命令，即可将这两个表添加到"关系"窗口中，效果如图 9－24 所示。添加完后，在功能区"设计"选项卡"工具"组中单击"编辑关系"按钮，打开如图 9－25 所示的"编辑关系"对话框。

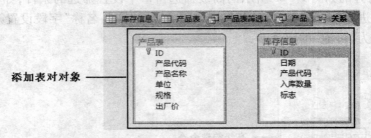

图 9－24　添加表后的关系视图

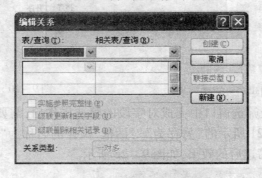

图 9－25　"编辑关系"对话框

（19）在"编辑关系"对话框中选择"新建"命令，打开"新建"关系对话框，如图 9－26 所示。用户可以在"左表名称"或"右表名称"列表中选择建立关系所需要的表，在"左列名称"或"右列名称"列表中选择所需要的字段名，单击"确定"按钮。编辑关系窗口中的内容将发生变化，最后单击"创建"按钮，即可完成表关系的创建操作，其效果如图 9－27 所示。

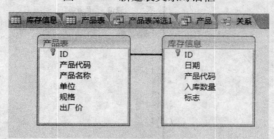

图9-26 新建表关系对话框

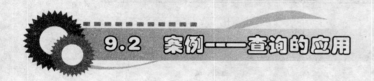

图9-27 创建表关系后的效果图

9.2 案例——查询的应用

当用户在数据库中创建了数据库表,建立表间关系后,还可以对其创建查询操作,以实现对表中数据执行的查找工作。

实例步骤

（1）打开创建的"product. accdb"数据库,进入编辑界面中。在数据库的导航窗格中,用户可以通过鼠标右键单击所要打开的"产品表"和"库存信息表",从弹出的如图9-28所示的快捷菜单中选择"打开"命令,即可对表中的数据执行查询操作。

（2）对"product. accdb"数据库中的"产品表"和"库存信息表"创建查询,需要用户在"创建"选项卡的"其他"组中选择"查询设计"命令（见图9-29）,即可打开"查询设计"窗口,如图9-30所示。

（3）在"查询设计"窗口的"显示表"对话框中列出了该数据库里所有的表和查询。用户可以通过鼠标单击选择需要

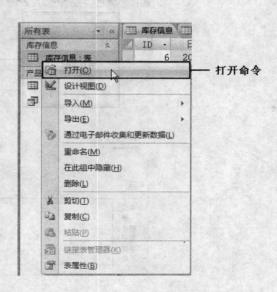

图9-28 "打开"数据表

图 9 – 29　查询创建组

图 9 – 30　查询设计窗口

的表,如"产品表",单击"添加"按钮,即可将表或查询添加到查询窗口中,其最终效果如图 9 –31所示。

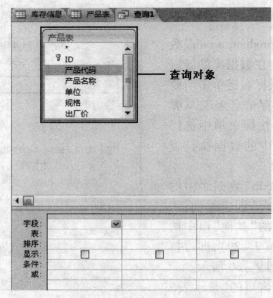

图 9 – 31　添加表查询设计视图

（4）在"查询设计"窗口中,用户可以用鼠标双击需要在查询中显示的字段,或直接在QBE网格中单击方框右边的下拉按钮,从弹出的下拉列表中选择需要设置查询的字段,如"产品表"中的"产品代码"字段,设置后的效果如图9－32所示。

图9－32　查询 QBE 网格

（5）在"查询设计"窗口的 QBE 网格中,用户还可以设置查询字段的排序方式以及所设置的查询字段是否显示在查询窗口中等。对于查询的字段,用户还可以为其设置查询的条件,如"产品代码"字段的查询条件为"［请输入产品代码］",如图9－33所示。

图9－33　设计查询字段的排序方式

（6）在利用查询设计视图完成查询的设置操作后,用户可以通过鼠标右键单击"查询1"选项卡,从弹出的如图9－34所示的快捷菜单中选择"保存"命令,将弹出如图9－35所示的"另存为"对话框,输入查询的名称为"产品查询"。

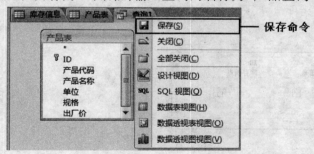

图9－34　"保存"命令列表框

图9－35　"另存为"对话框

（7）当用户保存好查询操作后,可以在功能区"设计"选择卡的"结果"组中选择"运行"命令,弹出如图9－36所示的"输入参数值"对话框。

（8）在"输入参数值"对话框中,用户可以输入产品的代码,如"4",然后单击"确定"按钮,系统将显示出查询的结果,如图9－37所示。

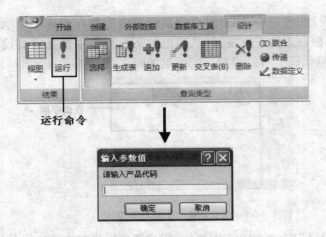

图9-36　"输入参数值"对话框

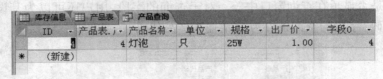

图9-37　查询最终显示效果图

（9）利用创建"产品查询"的方法在"product. accdb"数据库中创建一个新的查询。在显示表中添加查询的对象为"库存信息"，并在查询设计视图的QBE网格中添加查询的字段"入库数据"、"日期"和"ID"字段（见图9-38），用以设置查询字段的汇总功能。

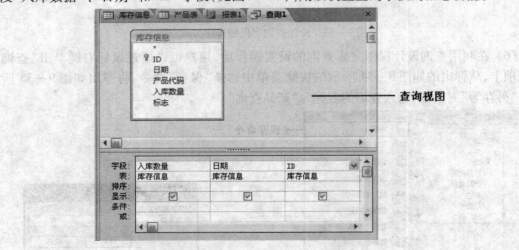

图9-38　设计汇总查询设计视图

（10）设置汇总查询需要用户在功能区"设计"选项卡的"显示/隐藏"组中选择"汇总"命令，将打开如图9-39所示的设计窗口。在此窗口的QBE网络里选择"汇总"命令后，在"排序"上方将增加"总计"选项。

（11）在打开的汇总查询QBE网络里，用户单击"入库数量"字段总计选项所对应的文本框，在出现的如图9-40所示的下拉框中，用户可以选择总计的方式为"最小值"。

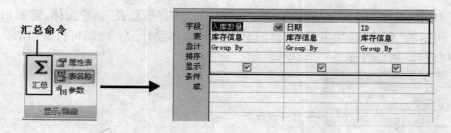

图 9 – 39 设置汇总查询 QBE 网络

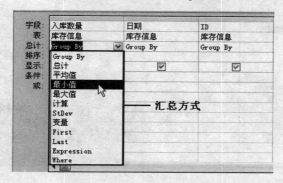

图 9 – 40 设置汇总方式效果图

（12）当用户设置好"入库数量"的汇总方式为"最小值"后,还可以在 ID 字段的条件中输入" =6",作为汇总的第二个条件,如图 9 – 41 所示。设置完成后就可以用保存查询的方法执行"保存"操作,并查看设置汇总后的效果,如图 9 – 42 所示。

图 9 – 41 设计汇总查询的条件

图 9 – 42 执行汇总查询后的效果图

9.3 案例——窗体的应用

窗体可以将表中的记录分成多个部分,这样用户在读取数据库表中的数据时,感觉会比直接观察表里的数据要清晰、美观。

实例步骤

（1）打开创建的"product. accdb"数据库,进入编辑界面中。在数据库的导航窗格中,用户可以通过右键单击所要打开的"产品表"和"库存信息表",从弹出的如图 9 – 43 所示的快捷菜单中选择"打开"命令,即可对表中的数据执行窗体的设置操作。

（2）对"product. accdb"数据库中的"产品表"和"库存信息表"创建窗体，需要用户在如图 9 – 44 所示的"创建"选项卡的"窗体"组中选择"窗体设计"命令，即可打开如图 9 – 45 所示的窗体"设计"视图界面。

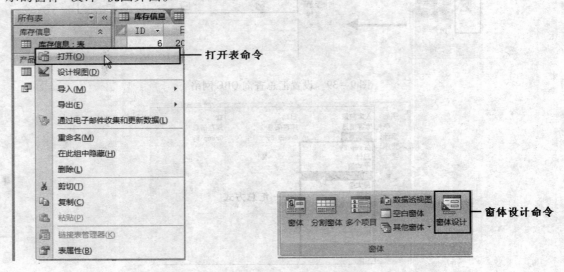

图 9 – 43　打开数据表列表框　　　　　　　　图 9 – 44　创建窗体命令组

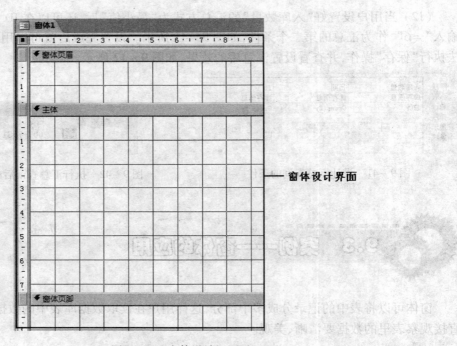

图 9 – 45　窗体设计视图界面

（3）在窗体设计视图中，用户可以在功能区"设计"选项卡的"工具"组中选择"添加现有字段"命令，将打开如图 9 – 46 所示的"字段列表"对话框。在此窗口中将列出可在窗体中使用的数据源对象。

（4）在窗体设计视图中，用户可以通过拖动的方式将产品表中的字段拖到主体节中作

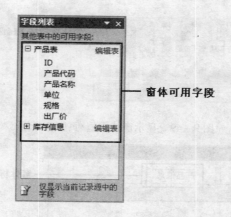

图9-46 "字段列表"对话框

为窗体显示的字段。当字段添加到窗体中后,用户还可以通过拖动的方式改变控件的位置,其效果如图9-47所示。

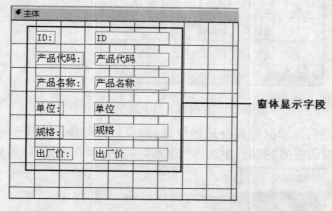

图9-47 添加窗体字段效果图

（5）在窗体设计视图中,用户可以在"排列"选项卡"位置"组中选择"使用水平间距"命令,即可将主体节控件的水平间距设置相等,如图9-48所示。

图9-48 设置窗体字段的排放位置命令组

（6）在窗体设计视图中,用户可以在功能区"排列"选项卡的"显示/隐藏"组中选择"窗体页眉/页脚"命令,如图9-49所示。窗体的设计视图中将出现"窗体页眉/页脚"节,用户可以输入相应的控件。

（7）在窗体设计视图的窗体页眉节中,用户可以在"设计"选项卡的"控件"组中选择"标签"控件,然后拖动鼠标到合适的位置,输入相应的文本提示信息为"产品信息",设置后的效果如图9-50所示。

（8）在窗体设计视图的窗体页脚节中,用户可以在"设计"选项卡的"控件"组中选择

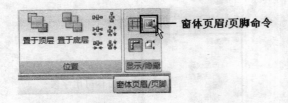

图 9-49　显示窗体页眉/页脚命令组

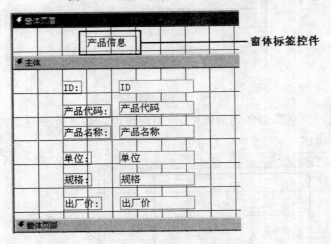

图 9-50　在窗体页眉中添加标签控件

"命令按钮"控件,然后拖动鼠标到合适的位置,即可打开如图 9-51 所示的"命令按钮向导"对话框。在此对话框的"类别"中选择"记录操作";在操作中选择"添加新记录"命令。

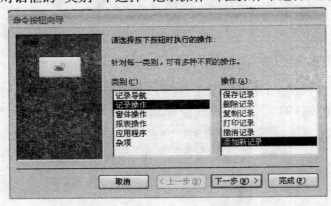

图 9-51　"命令按钮向导"对话框

　　(9) 用户在"命令按钮向导"对话框中选择相关的操作后,就需要按照向导的提示,按"下一步"按钮,在展开的对话框中设置命令按钮上的提示文本为"添加记录",然后单击"下一步"按钮,如图 9-52 所示。

　　(10) 在命令按钮向导提示下,用户完成"添加记录"按钮的操作,其最终的效果如图 9-53所示。接下来,用户需要按照"添加记录"按钮的方法,在窗体页脚中添加"删除记录"和"保存记录"的操作,其效果如图 9-54 所示。

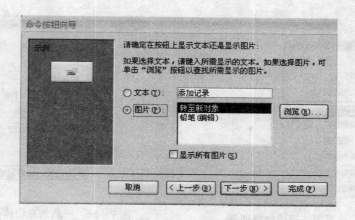

图 9－52　设置命令按钮的文本提示信息

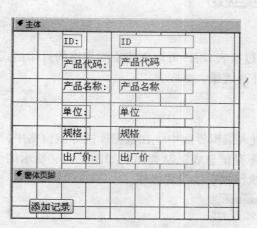

图 9－53　添加命令按钮后的效果图

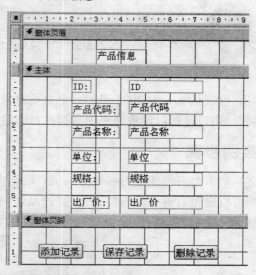

图 9－54　添加保存和删除记录命令按钮效果图

（11）当用户完成窗体的设置操作后，用鼠标右键单击"窗体 1"选项卡，从弹出的如图 9－55 所示的快捷菜单中选择"保存"命令，将弹出"另存为"对话框，输入窗体的名称为"产品信息"，如图 9－56 所示。

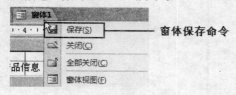

图 9－55　设置"保存"窗体命令列表

图 9－56　"另存为"窗体对话框

（12）在窗体的设计视图中，用鼠标右键单击"产品信息"窗体，在弹出的如图 9－57 所示的快捷菜单中选择"窗体视图"命令，将进入窗体的视图界面，也是窗体设置后显示的最终效果，如图 9－58 所示。

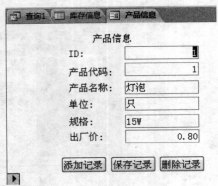

图 9 – 57　设置窗体视图命令列表　　　　图 9 – 58　产品信息窗体显示效果图

9.4　案例——报表的应用

报表是 Access 2007 里的一个重要对象,通过报表,用户可以创建不同规格的打印格式。同时,用户还可以设置报表中数据在打印后的外观效果。

实例步骤

(1) 打开创建的"product. accdb"数据库,进入编辑界面中。在数据库的导航窗格中,用户可以通过右键单击所要打开的"产品表"和"库存信息表",从弹出的如图 9 – 59 所示的快捷菜单中选择"打开"命令,即可对表中的数据执行报表的设置操作。

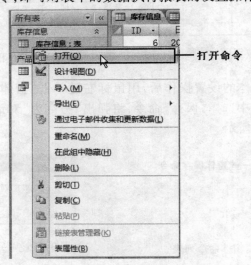

图 9 – 59　打开命令表列表框

(2) 对"product. accdb"数据库中的"库存信息表"创建报表,需要用户在如图 9 – 60 所示的"创建"选项卡的"报表"组中单击"报表"命令按钮,即可完成简单报表的创建操作,其效果如图 9 – 61 所示。

图9-60 创建报表命令按钮组

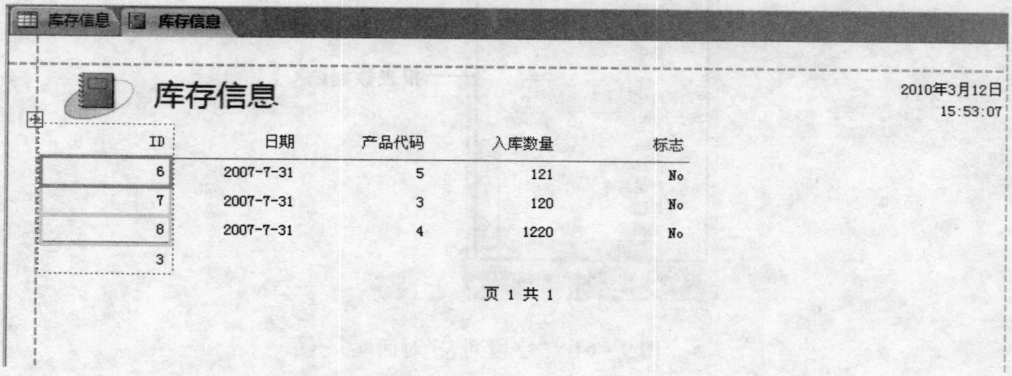

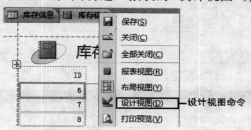

图9-61 创建库存信息报表效果图

（3）在"库存信息"报表中，用鼠标右键单击"库存信息"报表，在弹出的如图9-62所示的快捷菜单中选择"设计视图"命令，将进入报表的"设计视图"界面中，如图9-63所示。

图9-62 报表设计视图列表框

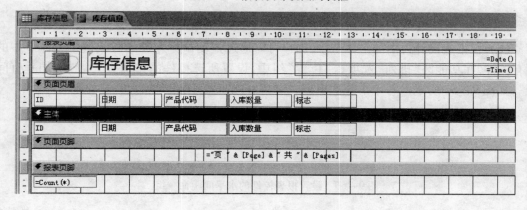

图9-63 库存报表设计视图

（4）在报表的设计视图中，用户可以在功能区"设计"选项卡的"工具"组中选择"添加现有字段"命令,将打开如图 9－64 所示的"字段列表"对话框。在此对话框中将列出可在报表中使用的数据源对象。

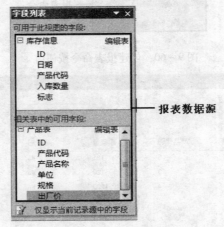

图 9－64　"字段列表"对话框

（5）在报表设计视图中,用户可以通过拖动的方式将产品表中的字段拖到主体节中,作为报表显示的字段。当字段添加到报表中后,用户还可以通过拖动的方式改变控件的位置,其效果如图 9－65 所示。

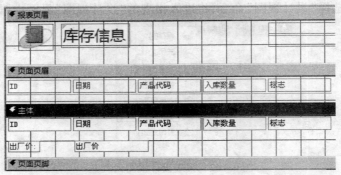

图 9－65　报表设计视图界面

（6）在报表设计视图的主体节中,用户可以通过拖动鼠标左键的方式选中主体节中的所有控件,在功能区"排列"选项卡"位置"组中,设置所选控件的排列方式为"增加垂直间距",如图 9－66 所示。每单击一次鼠标左键,控件的垂直间距会加大一定的距离。

图 9－66　设置报表控件的水平间距命令组

（7）在"报表"功能区"排列"选项卡的"自动套用格式"组中选择"自动套用格式"命令,即可打开如图 9－67 所示的下拉列表。用户可以在此列表中选择一种格式外观,对报表进行快速设计,效果如图 9－68 所示。

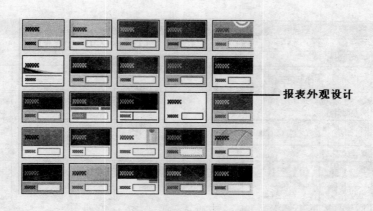

图 9 – 67　设置报表的外观效果列表

库存信息　　库存信息

库存信息

2010年3月12日
16：42：06

ID	日期	产品代码	入库数量	标志
6	2007-7-31	5	121	No
出厂价：	1.50			
7	2007-7-31	3	120	No
出厂价：	3.20			
8	2007-7-31	4	1220	No
出厂价：	4.00			

3

页 1 共 1

图 9 – 68　设置报表外观的效果图

（8）打开设计的"库存信息"报表，切换到"设计视图"中，在功能区的"工具"组中选择"属性表"命令，打开如图 9 – 69 所示的报表控件"属性表"对话框。在"格式"选项卡中选择报表控件中的"图片"后面的文本框，打开"插入图片"对话框，选择一张图片作为报表的背景，设置后的效果如图 9 – 70 所示。

（9）当用户完成报表的设置操作后，用鼠标右键单击"库存信息"选项卡，从弹出的如图 9 – 71 所示的快捷菜单中选择"保存"命令，将弹出"另存为"对话框，输入报表的名称为"库存报表"，如图 9 – 72 所示。

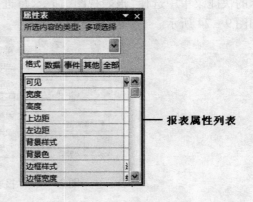

图 9 – 69　"属性表"对话框

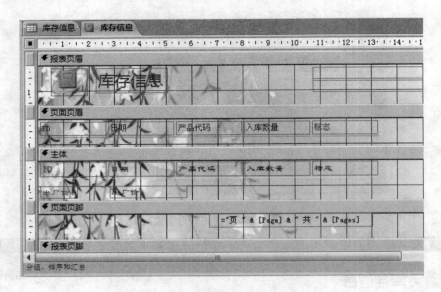

图 9 – 70　设置报表背景效果图

图 9 – 71　"保存"报表列表框

图 9 – 72　"另存为"报表对话框

（10）在报表的设计视图中，用鼠标右键单击"报表设计"视图，从弹出的如图 9 – 73 所示的快捷菜单中选择"报表视图"命令，将进入报表的视图界面，也是报表设置的最终效果，如图 9 – 74 所示。

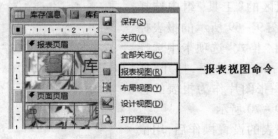

图 9 – 73　"报表视图"命令列表框

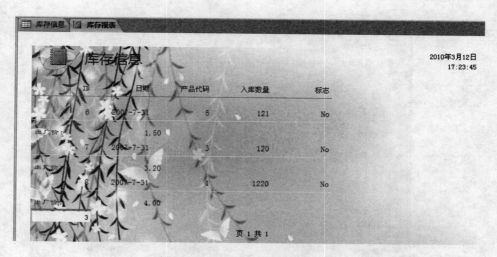

图 9-74　报表视图显示效果图

9.5　案例——宏的应用

宏是一组编码,利用它可以增加数据库中数据的操作能力。宏包含的是操作序列,它由一连串的动作组成,每个动作在运行宏时由前到后依次执行。

实例步骤

(1) 打开创建的"product. accdb"数据库,进入编辑界面中。在数据库的导航窗格中,用户可以选择"产品信息"窗体创建宏,其操作方法:在功能区"创建"选项卡的"其他"组中选择宏命令(见图 9-75),即可对窗体中的数据执行宏的创建操作。

图 9-75　宏新建命令列表框

(2) 对"product. accdb"数据库中的"产品信息"窗体创建宏,当用户选择宏命令后,即可进入如图 9-76 所示的"宏设计操作"界面中。

(3) 在宏设计操作界面中,用户可以在"操作列表"框中选择所使用的操作,如选择"Minimize"最小化操作命令,这时用户就可以根据自己的需要在操作参数中设置相关的值,如图 9-77 所示。

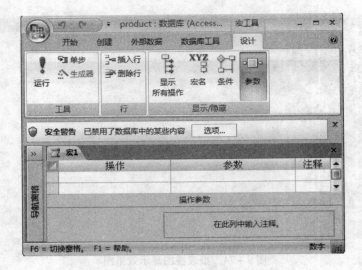

图 9 - 76　宏设计操作界面

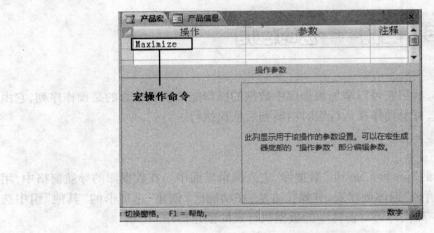

宏操作命令

图 9 - 77　宏操作参数的设置界面

（4）当用户完成宏的设计操作后，就可以在功能区"设计"选项卡的"工具"组中选择"运行"命令，查看宏操作的运行效果，如图 9 - 78 所示。在运行宏之前，系统会弹出如图 9 - 79 所示的"另存为"对话框，要求用户对宏操作进行保存，命名为"产品宏"。

宏运行命令

图 9 - 78　设置宏操作运行命令组

（5）在"product. accdb"数据库的导航窗格中，用户可以右键单击所要打开的"产品信息窗体"，从弹出的如图 9 - 80 所示的快捷菜单中选择"设计视图"命令，即可进入窗体的设计视图。

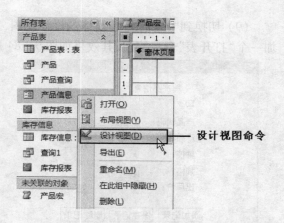

图9-79 "另存为"对话框

图9-80 选择窗体设计视图命令列表框

（6）在窗体设计视图的主体节中，用户可以通过拖动鼠标左键的方式，在窗体的主体节中添加"命令按钮"控件，控件的名称为"最大化窗体"，如图9-81所示。

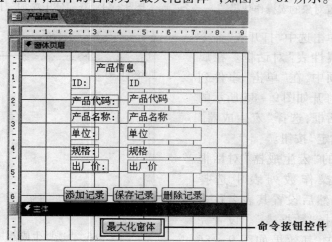

图9-81 添加最大化命令按钮控件效果图

（7）在"产品信息"窗体的设计视图中，用户可以用鼠标右键单击选中"最大化窗体"命令按钮，在弹出的快捷菜单中选择"属性"选项，打开"属性表"对话框。选择属性表的"事件"选项，在"单击"事件列表中选择"产品宏"命令，效果如图9-82所示。

（8）当窗体完成后，用户需要用鼠标右键单击"产品信息"窗体，在弹出的快捷菜单中选择"保存"命令。同时，还需要用户切换到窗体视图，查看设置后的效果，如图9-83所示。

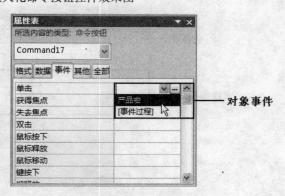

图9-82 设置宏对象"属性表"

(9) 切换到"产品信息"窗体的设计视图,按照添加"最大化窗体"的方法在此视图中添加一个"打开表"命令按钮,其效果如图 9-84 所示。

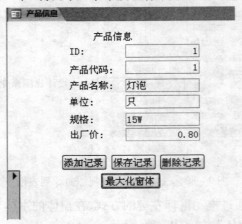

图 9-83 设置对象的宏操作效果图

图 9-84 在窗体中添加"打开表"命令按钮

(10) 用鼠标单击选中"打开表"命令按钮,并进入其"属性表"对话框。在属性表的"事件"选项中,在"单击"事件列表中单击□按钮,打开如图 9-85 所示的"选择生成器"对话框,选择"宏生成器"命令,然后单击"确定"按钮。

(11) 在打开的"宏生成器"对话框中,用户可以在操作数列表中选择"OpenTable"命令,然后设置其表名称为"产品表",视图选择"数据表"。设置完成后执行保存操作,其效果如图 9-86所示。

图 9-85 "选择生成器"对话框

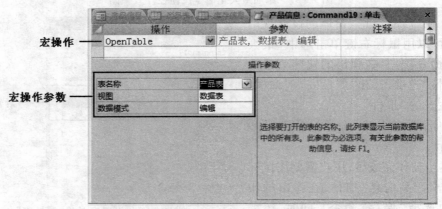

图 9-86 宏操作设计视图窗口

（12）当用户完成创建的宏操作后，执行"保存"操作即可进入"产品信息"窗体的设计视图，查看设置后的效果，如图 9－87 所示。当用户单击"打开表"命令后，即将打开如图 9－88 所示的"产品信息表"。

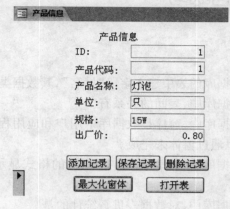

图 9－87　产品信息窗体的设计视图效果

ID	产品代码	产品名称	单位	规格	出厂价
1	1	灯泡	只	15W	0.80
4	4	灯泡	只	25W	1.00
5	5	灯泡	只	40W	1.20
6	6	灯泡	只	100W	1.50
2	2	节能灯	只	15W	2.80
7	7	节能灯	只	25W	3.20
8	8	节能灯	只	40W	4.00
3	3	日光灯	只	15W	4.00
9	9	节能灯	只	100W	4.20
10	10	日光灯	只	25W	7.00
11	11	日光灯	只	40W	7.80
12	12	日光灯	只	100W	8.60

图 9－88　执行宏操作打开的产品表效果图

9.6　本章小结

本章主要通过具体的实例，全面系统地介绍了有关 Access 2007 数据库中有关数据库表、查询、窗体、报表和宏对象的相关设置操作。通过本章的学习，读者会对 Access 2007 数据库的整体知识结构框架有进一步的了解，以方便今后的学习。

9.7 综合练习

1）填空题

（1）在 Access 2007 数据库的表中建立字段"姓名"，其数据类型应当是_____。

（2）在 Access 2007 数据库中，表间的关系有"_____"、"一对多"及"多对多"。

（3）在 Access 2007 数据库中，窗体是数据库中用户和应用程序之间的主要界面，用户对数据库的_____都可以通过窗体来完成。

（4）在 Access 2007 数据库中，报表是以_____的格式显示用户数据的一种有效的方式。

（5）在 Access 2007 数据库中，对数据表进行统计的是_____查询。

2）简答题

（1）简述如何在已经建立的"工资表"中不显示某些字段的操作方法。

（2）简述如何在 Access 数据库中对数据表进行列求和的操作。

（3）简述如何在数据库窗体中添加命令按钮的方法。

（4）简述如何在数据库中根据"学生表"创建查询的方法。

3）上机题

在"我的电脑"D 盘中创建"商场管理"数据库，并建立"库存表"和"销售表"。根据"销售表"创建"销售窗体"，根据"库存表"创建"库存报表"的设计操作。

参 考 文 献

［1］迈克尔. Access 2007 宝典［M］. 北京：人民邮电出版社，2008.

［2］颜金传. Access 2007 中文版从入门到精通［M］. 北京：电子工业出版社，2007.

［3］黎文锋，王大勇，谢林汕. Access 2007 数据库管理［M］. 北京：清华大学出版社，2009.

［4］杨涛. 中文版 Access 2007 实用教程［M］. 北京：清华大学出版社，2007.

［5］李东海. Access 2007 数据库办公应用［M］. 北京：北京希望电子出版社，2010.

［6］赵增敏. 数据库应用基础——Access 2007［M］. 北京：电子工业出版社，2009.